元认知循环

STRATEGIC LEARNING

A Holistic Approach to Studying

战略学习之旅

（Robert K Kamei）
[美] 罗伯特·K.龟井 著 王颖 译

中国科学技术出版社
·北京·

Strategic Learning: A Holistic Approach to Studying by Robert K Kamei.
Copyright: ©2021 BY WORLD SCIENTIFIC PUBLISHING CO. PTE. LTD.
This edition arranged with World Scientific Publishing Co. Pte. Ltd.
through BIG APPLE AGENCY, LABUAN, MALAYSIA.
Simplified Chinese edition copyright:
2024 China Science and Technology Press Co., Ltd.
All rights reserved.

北京市版权局著作权合同登记　图字：01-2022-4959

图书在版编目（CIP）数据

元认知循环：战略学习之旅 /（美）罗伯特·K. 龟井 (Robert K Kamei) 著；王颖译 . -- 北京：中国科学技术出版社，2024.9. -- ISBN 978-7-5236-0852-4

Ⅰ . B842.1

中国国家版本馆 CIP 数据核字第 2024KP8932 号

策划编辑	李清云　熊林欣	责任编辑	褚福祎
封面设计	创研设	版式设计	蚂蚁设计
责任校对	张晓莉	责任印制	李晓霖

出　　版	中国科学技术出版社
发　　行	中国科学技术出版社有限公司
地　　址	北京市海淀区中关村南大街 16 号
邮　　编	100081
发行电话	010-62173865
传　　真	010-62173081
网　　址	http://www.cspbooks.com.cn

开　　本	880mm×1230mm　1/32
字　　数	140 千字
印　　张	7.5
版　　次	2024 年 9 月第 1 版
印　　次	2024 年 9 月第 1 次印刷
印　　刷	大厂回族自治县彩虹印刷有限公司
书　　号	ISBN 978-7-5236-0852-4/B·187
定　　价	59.00 元

（凡购买本社图书，如有缺页、倒页、脱页者，本社销售中心负责调换）

本书赞誉

罗伯特·K.龟井博士凭借深厚的学术背景，为我们带来了这份极具价值的学习调研成果。在医学教育改革方面，他率先进行了开创性工作，并为本科生开设了一门关于如何学习的精彩课程。他将这些深刻见解融入了这部优秀的著作中。这本书通俗易懂，即使涉及复杂的概念也易于理解，无论是学生还是教师，都会在阅读中得到启发，收获颇丰。强烈推荐阅读。

—— 肯·贝恩（Ken Bain），**历史学家，著有《如何成为卓越的大学教师》**（What the Best College Teachers Do）（哈佛大学出版社）和《超级课程：教育与学习的未来》（Super Courses: The Future of Teaching and Learning）（普林斯顿大学）

学习型科学家在将研究成果传达给教师，协助他们提升教学质量方面做得非常出色。但学习的过程大多掌握在学生自己手中，且仅有学生自己能掌控。而本书恰好弥补了指导学生如何高效学习的关键空白。我们应该让每一个大学生都能读到本书。

—— 洛里·布雷斯洛（Lori Breslow），**麻省理工学院斯隆管理学院高级讲师，麻省理工学院教学与学习实验室创始人**

阅读本书真是一次意想不到的收获。起初，我打算只阅读其中引起我注意的几个章节，但没想到，到了那天晚上，我已经从头到尾读完了这本书。这本书不仅策略性强，而且从整体上教会我们如何通过深入了解自己心灵的深层特性来最有效地学习。例如，一旦你学到了某些东西，你会多久复习一次？复习之间的理想间隔是多久，才能真正加快对知识的全面掌握？在这个瞬息万变的世界中，掌握这些关于元认知的研究成果，无论是在大学时期、研究生阶段，还是任何年龄段的终身学习，都会对我们大有裨益。本书真是难得一见的好书。非常感谢龟井博士抽出宝贵时间精心撰写，还让书中的理念和方法易于操作。

—— 约翰·西利·布朗（John Seely Brown），《学习的新文化》（*The New Culture of Learning*）一书作者（与道格·托马斯（Doug Thomas）合著），学习研究所（IRL）联合创始人，前施乐公司首席科学家，施乐帕罗奥多研究中心（PARC）主任

本书对于教师和学生来说都恰逢其时。罗伯特全面而具策略性的学习方法确实给他的学生们带来了不同的学习体验。基于实证框架和易于理解的程序，无论是希望为自己，还是为孩子或学生创造最佳学习条件的人，都能从罗伯特的方法中受益——这是一种整体性的学习框架，有助于打破许多人深信不疑的学习误区，并构建新的学习场景。

—— 宋曜廷，台湾师范大学执行副校长兼讲座教授

罗伯特博士曾是我们的儿科医生。既然我们可以放心地把孩子交给他，那么你也可以信任他，让他教你如何更好地学习。我在本书中发现了许多不可思议的学习之道，所以，跟随科学研

究，成为一个更好的学习者吧。

——盖伊·川崎（Guy Kawasaki），畅销书作者，Canva首席布道师，《非凡人物》播客节目创始人

自维尼大学创办之初，我们就非常感激龟井教授对我们教育项目设置和主动学习提出的周到建议。在这本书中，他将关注点转向了如何指导学生高效学习。现在，学生们也能从他的教育见解和经验中获益。我建议所有学生和教师都读一读他的这本书，以便最大限度地发挥大学教育的潜力与价值。

——乐梅兰（Le Mai lan），越南河内维尼大学校长，万宝集团副主席

本书是一本优秀的著作，它将罗伯特数十年教学积累的精湛专业知识与全球学习科学中的深刻见解融为一体，以清晰易懂的指南形式，指导读者优化个人学习。每个学生（以及每位教育工作者）都应该阅读本书！

——杰里米·林（Jeremy Lim）新加坡国立大学苏瑞福公共卫生学院全球卫生转型领导力研究所副教授、所长，AMiLi（GI微生物公司）首席执行官

大学擅长告诉学生应该学习什么，但至于在如何真正学习方面却鲜有建树。龟井的《元认知循环：战略学习之旅》正好弥补了这一空白。该书从打破流行的学习误区开始，随后深入剖析了学习背后的元认知和自我调节过程，并最终给出了切实可行的实

践建议。而且这本书读起来也很有趣！

—— 安德烈亚斯·施莱歇尔（Andreas Schleicher），经济合作与发展组织（OECD）教育和技能部主任、秘书长，教育政策特别顾问，负责监督国际学生评估项目（PISA）

罗伯特·K. 龟井教授在新加坡国立大学开设了一门备受欢迎的课程，该课程专注于提升学习效率的科学和技巧。为了让更多人了解这一领域，龟井教授将这些振奋人心的知识汇编成一本新书《元认知循环：战略学习之旅》。学习技能的重要性日益凸显，这不仅体现在学生身上，还体现在职场人士以及所有渴望充分发掘自身潜能的人身上。在这个时代，我们备受鼓舞与期待，应不断学习并在日新月异的环境中灵活应用新知识。龟井教授的书表明，通过实践和耐心，我们都可以培养强大的学习技能，从而提升我们的创造力、适应力和韧性。

—— 陈永财教授，新加坡国立大学校长

没有任何一种教学和学习技巧可以适用于所有学生。学生应该学会如何有效地学习，而教师则应该懂得如何营造合适的学习环境。这本书帮助学生和教师理解并应用'策略学习'，从而获得教育的真正益处。

—— 普拉西特·瓦塔纳帕（Prasit Watanapa），玛希隆大学诗里拉吉医院医学院院长

目录 CONTENTS

引言 001

记忆和学习　002
学习的反直觉本质：简单并非总是更好　003
我们所相信的学习误区　004
为什么要听我讲学习？　007
每个人都能从更好的学习中受益　009

第一章 013

全面学习框架

元认知（对思考本身进行思考）　016
学会更好地学习是个人成长的重要旅程　017
全面学习　018
了解最佳学习方法并不足以确保成功　022
学习的社会决定因素　023

第二章 027

设定目标

制定详细目标　030
如何制定 SMART 目标？　033

SMART 目标还不够：理想目标　036
设定你的理想目标　037
"金发女孩"与恰到好处原则　040
反馈　042
目标必须调整到"恰到好处"　043

第三章
047

元认知循环——识别与回忆

为什么要记忆？　051
识别与回忆　052
图像识别　055
我们认为我们可以回忆起我们能识别的事物　057
遗忘曲线：我们记忆和遗忘的三大特征　058

第四章
063

元认知循环——记忆编码

记忆编码　066
将信息分块处理　068
记忆法和其他关联　069
编码特定性原则　071
为建立联系做好思想准备　073
提升编码的策略　075
注意事项　076
寓教于乐　077

第五章 079 | 元认知循环——减缓遗忘曲线

遗忘并非全是坏事　082

节约能量　083

建立更多联系　084

深度加工　085

不要简单地重复阅读　087

交错学习　088

理想化的难度　090

我们对最佳学习方式一无所知　092

布鲁姆分类法　092

知识储备越丰富，学习潜力也就越大　095

第六章 097 | 元认知循环——重置遗忘曲线

突击学习有效果（某种程度上）　100

并非所有内容都需要重新学习　102

采用分散学习法　104

分散学习期间需要进行的学习活动　107

检索练习　107

有目的的练习　109

元认知循环：计划　110

第七章 111　基础——自我调节

自我调节与自我约束　114
外部动机与内部动机　116
拖延行为　124
"如果……那么……"陈述　126
建立日常习惯　127

第八章 133　基础——健康与幸福

学习中的干扰因素　139
多任务处理还是快速任务切换？　141
给你自己放个假　142
运动对学习的影响　143
对学习影响最大的因素：睡眠　144
改善睡眠的策略　147
其他健康问题　149

第九章 151　制订、实施和评估学习计划

集思广益找出阻碍学习计划的因素　155
与他人合作学习　156
实施你的元认知循环　159
评估你的元认知循环　160
学习的神奇公式　162

评估:"3R 原则"——回顾(Review)、
反思(Reflect)和修订(Revise) 162
失败是伟大的老师 164
制订个人学习计划 165

第十章 169 现代化教育:提升学习效果

教育应该如何改革? 173
优秀的教师会牢记学习过程中的艰辛 175
引入新的教学方法(例如翻转课堂)和学习科学 176
在教育领域,我们为何如此固守传统? 179
如果老师不愿或无法改变课堂,学习者该怎么办? 182
虚拟课堂学习 183
来自父亲的经验 184

结 论 189 最后的思考:思想的力量

成长心态与刻板印象 194
你的学习策略 197

附 录 199

附录 A 199
附录 B 200
附录 C 202

| 附录 D　204
| 附录 E　215

参考文献　217

附加信息与学习资源　225

致　谢　227

引 言

⚠ 误区	就像我自然而然地学会了走路和说话一样,我自然也知道如何学习。
✓ 真相	学习科学发现了许多与直觉相反的结论。你需要克服这些学习误区,以提高你的学习技能。

除了诺贝尔奖获得者之外,普通人在求学过程中,每年都需要付出越来越多的努力才能取得相同的成绩。课业越来越难,感觉越来越不可能跟上班上其他聪明学生的步伐。有些人在进入大学时就会遇到这种情况,有些人则会在研究生阶段遇到这种情况;还有一些人为了在职业生涯中掌握最新的知识和技术而苦苦挣扎。对我来说,这种情况发生过好几次——在大学学习日语时和刚上医学院时。你是什么时候遇到这种情况的?

我和几位同事一直在新加坡国立大学教授最受欢迎的本科课程:学会更好地学习。我们的课程是选修课,不是必修课。但是去年还是有超过 1500 名学生选了这门课程。新加坡国立大学的本科生在全球都是学术精英,那么为什么会有这么多学生还对学习方法感兴趣呢?

我发现我的大部分学生和我年轻时很像：努力学习，但不一定聪明。他们都知道自己可以学得更好，但不知道怎么学。

在我的职业生涯中，我曾与来自世界各地的优秀学生一起共事。这些学生，无论他们来自哪个教育体系，都希望学得更好。有些聪明的学生会自己摸索出最佳的学习方法，但大多数学生都需要别人的建议。一旦学生掌握了学习的策略方法，就能够应对不同的学习挑战，这样他们就会在很大程度上实现自己的学业目标。

记忆和学习

学生们经常搞混，以为学习和记忆是一回事。但实际上，它们是不同的，尽管它们之间有密切关联。

学习是一种需要时间和努力才能获得的技能或知识。记忆是学习的一种表现形式，但几乎是瞬时发生的，并且持续时间长短不一。没有记忆，就无法学习。当你读本书时你会发现，一旦你学会了一些东西，与之相关的记忆力就会得到提高。

遗憾的是，我们的教育系统并没有充分强调这种差异。大多数教师编写的考试题目都只是在测试我们的记忆力。而测试学习能力要难得多。但是学习才是在校外取得成功的关键，而不是记忆。这就是为什么许多在学校被认为是聪明的学生，但没有发挥出他们的学习潜力的原因之一。我们所学的知识是成功的关键所在，这些学生可能善于记忆，但不一定善于学习。因此我们记住的内容则是知识的关键部分，两者缺一不可。

人们很难自己弄清楚最佳记忆和学习方法的原因在于，记忆和学习的很多方面实际上都是违反直觉的。事实证明，这个主题的科学文献都是相当一致且清晰的，学习者在最佳学习方式上存在盲点。我们天生就不理解如何能够最好地学习。

学习的反直觉本质：简单并非总是更好

科学家们研究了学生阅读不同字体的单词对学习的影响。研究结果令人吃惊，为学习的反直觉性提供了一个例证。

假设有人让你从两本书中选择一本阅读，虽然两本书内容相同，但其中一本印刷排版较差、字迹也褪色，另一本则文字清晰易读，你会选择哪一本？如果你和我一样，肯定会选择那本更容易阅读的书籍。

如果你不得不阅读排版复杂的书籍，你可能会抱怨不已。然而，研究人员发现，理解更具挑战性的文本所需的额外工作会让你更加专注。你必须更深入地处理文字，才能读懂它们，甚至可能需要破译句子中一两个无法理解的单词。当他们测试学生对以某种更困难的方式呈现的材料的学习效果时，学生通常表现得更好。这一发现的心理学术语是"认知障碍"。

虽然我并不建议所有教科书都要晦涩难懂，但它确实提出了两个重要观点。阅读材料所花费的额外努力可以让你更好地记住信息，而不是更糟。此外，我们也很难意识到何时能学得很好。

我们所相信的学习误区

由于我们的经历，我们对学习有着自己的信念。尽管这些信念并不完全正确，但我们往往会紧紧抓住不放，就像所有优秀的神话一样，每个神话中都有足够的真理来说服我们相信它们是正确的，即使总体上是错误的。例如，你可能会相信，你能从更容易阅读的东西中学到更多。这在一定程度上是真实的，因为如果文本太难阅读，那么许多学习者就会放弃，所以根本学不到任何东西！对于一篇不流畅的文章，要想提高理解能力，它必须足够难，具有挑战性，但又不能太难让人完全失去兴趣。阅读障碍是最佳学习效果，是与直觉相反的一个例子。

这些错误的信念或谬论被广泛应用，即使它们并不正确。陷入这些误区是学生无法有效学习的重要原因。我将在每一章的开头强调这些错误观念。

根据我帮助数千名学生学习的专业经验和个人努力奋斗的经历，我发现在学校遇到困难的学生很难改变他们的学习

引　言

方式。因为最佳学习效果往往与直觉相反,所以他们很难相信科学的学习方法能让他们学得更好。学生们很容易固守原有的学习方法,无法做出任何调整。因此他们需要一种战略性的方法来改进学习。

有些学习误区真的超级难改,并且根深蒂固。我跟学生们打交道的经验告诉我,光是说服他们相信我们关于学习误区的话并不够。要让他们改变学习策略就像让人减肥或戒烟一样难。虽然每个人都知道减肥对健康有益处,也有一大堆饮食建议可以尝试,但知道这些并不意味着你能轻松地改变自己的行为和减掉赘肉。

这些学生坚信他们"知道"什么最适合自己。即使得知了科学文献的内容,他们通常仍坚持认为已发表的研究是错误的,或者不适用于他们。[1] 虽然一些学生愿意承认这些技巧可能对大多数学生来说是正确的,但他们仍然坚持认为自己属于少数没有得到这些技巧帮助的人。像大多数人一样,对于阅读字体难辨的书能提高理解力而非降低理解力这一观点,你也会持有一定的怀疑态度。因为这与我们的认知并不相符。

对于那些像我们的学生一样持怀疑态度并很难相信我们所说的话的人,我在我们的战略学习网站上重新创建了一些

---

[1] 我选择不在书中过多引用相关研究论文。相反,我努力做到平衡兼顾,只收录了一些最重要或最有趣的报告,这些报告可能是本书读者想要查找和阅读的内容。希望这能为那些有兴趣进一步了解这一主题的读者提供一个良好的起点。

元认知循环：战略学习之旅

我们为课堂学生开发的活动。我们利用这些经验向学生们展示这些学习策略是如何具体应用到他们身上的，以及如何帮助他们在更长的时间内记住更多的知识。希望这些补充性的在线体验能让你相信，即使你以前不相信，这些策略有办法改进你的学习。我们的战略学习网站博客也是一个了解本书未涉及的学习方面的地方。我们的在线论坛是一个为我们的学习社区发布问题和评论的好地方。我们还在网站上放置了一些我们为学生制作的视频，以解释本书中描述的一些学习概念。

在新加坡国立大学课程中，我们不仅要告诉学生应该使用哪些学习策略，还要教他们有用的学习方法。当我努力帮助我的学生学习时，我意识到即使证明这些策略适用于他们还是不够的。我不仅要教他们学习科学的知识，还要证明这些知识适用于他们。学生们还需要我的帮助，将这些技巧整合在一起，制订适合他们的个人学习计划。

记录你的学习想法活动

（大致时长：阅读这本书的时间）

目标 | 记录你的学习想法。

说明 | 附录 A 中有一份你在全书中都会看到的"整体学习框架"图。将附录 A 中的图表作为你记录本书提出的观点的地方，将这些观点纳入你的个人战略学习计划中。本书中介绍的观点非常多，除非你能将笔

> 记保存在一个地方，否则你会记不住！（提示：在任何观点旁边写上页码，以便于查阅。）

除了参加我们网站的学习活动，我还鼓励你按照本书的概述制订一个学习计划。我在第十章和附录 D 中对此有更详细的介绍。你的学习计划应该包含你认为最适合你的想法。计划的模式并不像计划本身那么重要。许多学生还制作了学习日历，将学习计划转化为具体的日期和时间，包括学习的时间和地点，以及在此期间将利用哪些学习活动。仅仅把一些想法写在纸上就是很好的开始，也是向着改进学习方法迈出的一大步。

为什么要听我讲学习？

我的学术生涯很不一样。除了拥有成功的行医经验，多年来我还指导学生医学实践，并制订过大学本科和研究生的主要教学计划。

由于具有医学和教育双重背景，我也了解到如何科学地培养学生达到最佳状态。我对健康和幸福对学习的影响这两个领域的重叠部分特别感兴趣。例如，新加坡国立大学本科生学习的主要障碍可能不是他们不良的学习习惯，而是不良的睡眠习惯。在极度疲劳的情况下学习是非常困难的！为了帮助学生更好地学习，他们需要的不仅是一些学习技巧，还是一种比大多数学习书籍更全面、更综合的方法。

然而，也许你会对我认为教授学习课程和撰写本书最重要的资历感到惊讶。并非因为我一直在顶尖学府求学，也不是因为我把整个职业生涯都奉献给了帮助他人学习，更不是因为我认为自己天生具有出色的学习能力，随时可以传授如何取得我的学术成功的技巧。相反，我认为我的最重要资历是，我始终发现自己虽然成绩还算不错但并非出类拔萃的好学生。

那么，你为什么要考虑从这样的人那里读一本关于学习的书呢？难道你不应该向那些所有考试中都轻松取得最高分的人学习吗？

在大学里，我很认真地上完了选的所有课程（尽管我在大多数讲课过程中都会走神或睡着！）。虽然课堂上并不能让我学到很多东西，但我还是害怕如果我不去听课，那么我就会错过一些重要的东西。

而且，我真的不明白为什么我的同学们几乎不上课，成绩却和我一样好，甚至更好。他们到底有什么秘诀？难道他们比我聪明多了吗？上课让我觉得自己已经尽力了，但现在我意识到其实并没有。我根本不知道怎样才能有效地利用老师教的方法。我的学习效率太低了，只能靠"蛮力"跟上其他同学。换句话说，就是拼命努力超过别人罢了。

从斯坦福大学获得学士学位后，我进入了加州大学旧金山分校的医学院学习。医学院的学习常常被形容为"焦头烂额"。由于我之前创建的成功的学习体系彻底崩溃了，我再也无法取得和以前一样的成绩。虽然比以前更加刻苦学习，但医学院里要学的东西实在太多了，我跟不上，更不用说要比别人更努力。回顾我的经历，我现在意识到，我需要的不是更努力地学习，而是更聪明、更有策略地学习。只可惜当时完全不知道该怎么做。

学习"如何学习"并不是我在传统教育中学到的。当我成为一名专业教育工作者时，我发现很多以前成功、积极进取的学生和我一样，突然间面对巨大的学习压力或者更加复杂的知识内容。他们会问："以前能行，为什么现在不行？"正因为如此，一些人在学业上遭遇了挫折，不幸的是，对很多人来说，这也导致了个人危机。他们不愿意冒险去尝试他们不熟悉的新方法，特别是那些他们并不完全信任的方法。

在教学生的过程中，我认识到，在如何更好地学习方面，他们很容易被一些常见的错误观念所欺骗。本书的贡献作者马格德琳·吴在书中收录了一些学生的故事，讲述了他们通过深入了解如何学习而获益。在学习的道路上，你不必感到孤独（图 0-1）。虽然许多人也曾挣扎过，但他们学会了如何更好地学习，并取得了更大的学业成功。

每个人都能从更好的学习中受益

虽然我相信大学生会觉得这本书对他们很有用，但多项

图 0-1　在学习之路上你并不孤单

研究表明，任何年龄段的学习者都可以从学习新东西和提高学习能力中受益。而且对于读这本书的老师来说，看法跟学生并无差别！尽管在教育方面经验丰富，但老师和其他人一样在学习上存在很多误区。导致的结果就是很多老师固执地不愿意改变自己的学习方式以及教学方法。难怪要在我们的学校系统中改进教育实践是如此具有挑战性！我在这本书的最后一章专门讨论了这个问题。

如果你和大多数人一样希望通过阅读本书获得一些简单而神奇的建议，让你在短时间内改变学习方法，成为出色的学习者，那就抱歉了！事情并不那么简单。要成为更加出色的学习者，你仍然需要付出努力。不要抛弃本书去别处寻找那些未被公开的捷径或简单的学习窍门。相反，你可以按照本书概述的整体战略方法来优化你的学习，确定具体的策略，制订学习计划，协助你实现目标。

我们开始吧。

第一章
全面学习框架

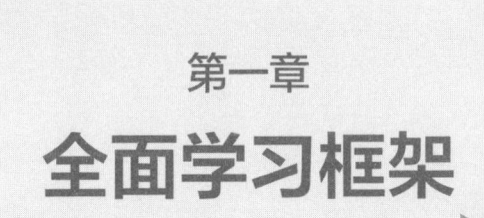

> **⚠ 误区** ｜ 要想提高学习效果，只需要掌握几个快速学习技巧。
>
> **✓ 真相** ｜ 学习受到众多强大因素的影响。没有任何一种学习策略能适用于所有人；相反，我们需要一种全面且有策略的方法来提升学习效果。

毫无疑问，优秀的学习者必须既聪明又勤奋。这两个特质缺一不可，但仅凭这两点真的足以造就一个出色的学习者，并引领其走向成功的人生吗？面对现实吧，总会有人比你更聪明或更努力，但这并不意味着我们就无所作为。

如果我必须指出优秀学习者的最重要特质，那并非他们拥有超凡的智力或者是最勤奋的工作者。相反，我认为最优秀的学习者是那些能够对自己的学习过程进行战略性规划的人。❶ 你需要对你的努力保持明智的态度。最优秀的学习者深

---

❶ 教育工作者们数十年来一直在倡导，学习者应该采取一种战略性的方法，以更有效地学习。他们必须了解不同的学习方法，并能够将其纳入学习计划中。而我写这本书的目的，便是希望你在阅读之后，能够掌握这些方法，为自己的学习之路制订出一份切实可行的计划。

信，无论他们现在有多聪明，他们总能找到更好的学习方法。他们明白，最佳的学习效果并不是自然而然就能达到的，而是需要通过周密的思考和计划来实现他们所期望的目标。此外，他们还会策略性地将所学到的学习方法去付诸实践。

元认知（对思考本身进行思考）

这些策略性学习者精于元认知，也就是所谓的"对思考本身进行思考"。我之所以称他们为专家，是因为他们对自己如何学习有着与生俱来的、更为深刻的洞察力，这种自我认知的能力远超他人。这并不是说所有的学习者都需要投入大量时间去考虑各种可能性，并且非常细致地制订学习计划。确实有一些成功的学习者这么做，但大多数人并不会。这些学习者往往在近乎潜意识的层面上规划他们的学习策略。所有优秀学习者的共通之处在于，他们不断地探索如何学习，然后思考自己最适宜的学习方式。他们会尝试用新的思维来指导学习，并针对不同领域的知识探索各种学习方法。最终，他们会评估自己的学习成效，持续地优化学习过程，并在需要时调整甚至重新设定他们的学习计划。

观察我们学校一些本科生初次了解到其他同学如何学习课程内容时的反应，是一件很有意思的事情。在"如何高效学习"这门课的首次练习中，我们让学生彼此分享最适合自己的学习方法。我发现，有些学生在发现其他同学在学习上如此有策略时，会感到非常震惊。这些感到惊讶的学生一直以来都只是依赖自己的天赋学习，从未思考过学习这件事，只是凭感觉去做那些对他们来说似乎正确的事情。

在他们听到其他同学的做法之前，他们从未想过如何规划自己的学习。

他们从未想过要提前几个月安排时间备考，考前再复习一下。他们也没想过如何组织其他同学一起讨论和回顾课程内容。

正是这种不断试错，然后回顾和调整学习计划的方法，将十分优秀的学习者与普通人区分开来。实际上，有许多研究显示，对思考本身进行思考可以带来更好的学习效果和学术成就。我们班上的大部分学生没有在学习上过度挣扎，相反是在寻找方法去提升学习技巧和更好地优化他们的学习，以免浪费他们分配给学习的宝贵时间。

有些学生表示，他们自己已经掌握了许多我们在课堂上教授的学习技巧。但他们从了解到自己的做法得到了科学研究支持这一点上获益匪浅。

学会更好地学习是个人成长的重要旅程

个人在学习中遇到困难的原因各不相同，改善学习的方法也多种多样。本书中介绍的技巧应该针对不同学科量身定制。你学习英国文学的方法可能与你学习高等物理课程的方法完全不同。

在大学时，我犯了一个错误：用学习生物课的方法来学习日语课。这是一场灾难！语言课对我来说很困难，我学得很差，部分原因是我没有一套稳固的学习策略。当时我对如何学习不同学科缺乏足够了解，无法更仔细地制订学习计划。当我的学习策略不奏效时，我也没有想到去寻求帮助，试图改变我的计划。相反，我只是试图用同样的学习方法更加努力地学习。但是，我很快意识到这些内心想法"你并不擅长学习语言，最好放弃它""学习另一门语言并不那么重要"，这些想法让我丧失了更加努力学习的动力。相反，我需要尝试一种不同的学习方法。

在我的职业生涯中，我与成千上万的学生共同工作并为他们提供帮助。我的经验表明，没有什么能阻止他们到达学业成功的巅峰。如果认为仅通过改变一些学习习惯就能实质性提升成绩，那未免过于乐观。遗憾的是，事情很少会如此简单，因为阻碍他们学习的问题总是层出不穷。

全面学习

大多数关于学习的书籍都侧重于学习技巧，认为把这些技巧串联起来就能提高学习效率。例如，如果学生在学校主要依靠死记硬背取得好成绩，他们通常会建议加深知识的技巧来获益，这样的话遗忘速度也会大大减慢。

相反，我认为你们需要意识到许多因素都可能影响学习，采取一种更全面的学习方法。由于一图胜千言，尤其是在试图记住某些内容时，因此我创建了一个可视化框架图来帮助你们记录影响学习的不同领域，如图 1-1 所示。

全面学习框架

评价（后）：如何提升自己？

元认知
循环周期

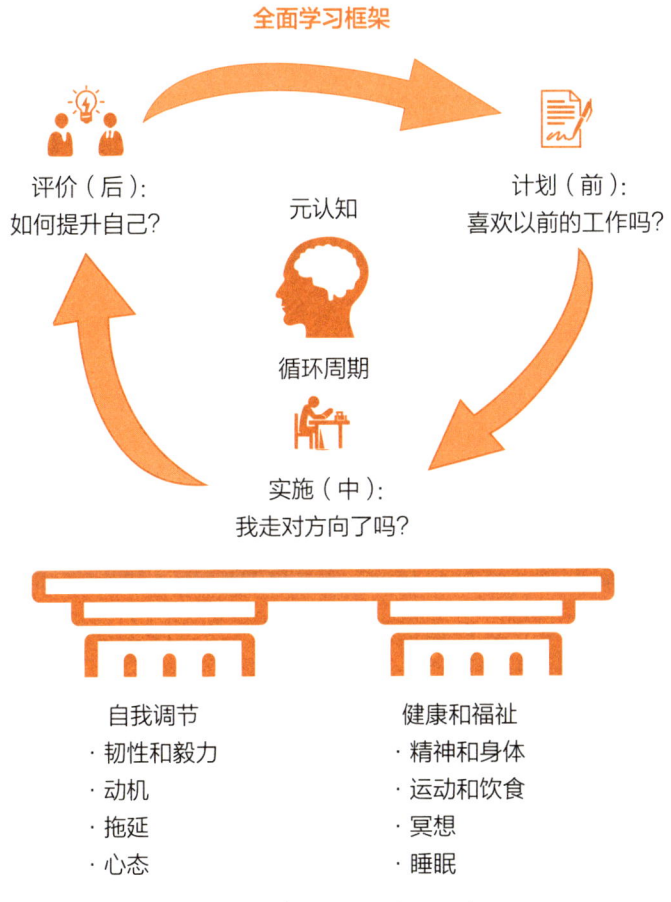

计划（前）：喜欢以前的工作吗？

实施（中）：我走对方向了吗？

自我调节
· 韧性和毅力
· 动机
· 拖延
· 心态

健康和福祉
· 精神和身体
· 运动和饮食
· 冥想
· 睡眠

图 1-1　全面学习框架：策略性学习方法
可以使用附录 A 中的框架来记录你想要纳入到学习计划中的理念。

把这张图作为学习路线图，帮你们整理书中所学的知识。希望它能激励你们把不同的学习方式融入计划中。

全面学习框架由两个主要部分组成：前半部分描写了一个循环周期，包括设定学习目标，实施学习计划，接着复习和修订学习计划，然后再次重复这个过程。

这一部分的框架在学术界被称为元认知循环。重复的序列图像强调了一个观点，即使你已完成了关于学习的初步工作并制订了与个人学术目标相一致的学习计划，你的任务也还没完成。有远大目标的同学们制订了他们的学习计划，但在尝试之后未能停下来认真反思他们的计划是否有效。因此，对策略进行反思和调整比最初选择正确的学习方法更为关键。

这一循环周期始于设定有意义的目标，我发现几乎所有学生都会设定学习目标。遗憾的是，对大多数人来说，这种做法往往是徒劳的。在课堂上讨论目标设定的前一周，我们要求学生写下几个学习目标。然而，在接下来的一周询问他们是否实现了这些目标时，我们发现许多人已经遗忘了自己所设定的目标。看似简单和自然的行为实际上却难以有效执行。

这个循环周期的计划阶段不仅包括正确设置目标，在设定有用的目标之后，关键是还要有一个实现这些目标的策略工具箱。正如我之前提到的，实施这些策略之所以困难，是因为我们往往不了解哪些策略最适合我们。我们往往会误判各种学习技巧和策略的价值，导致无法达到最佳学习效果。

重要的是，循环周期并没有就此结束。当进入循环周期的第二个阶段开始执行计划时，你应该同时监测自己的表现，在这个阶段，并不需要决定计划是否有效，也不需要改变任何事情。相反，你要给你的计划稳定实施的机会。

在循环周期的第三阶段，需要对自己的表现进行评估。哪些方面对你有效？你的计划执行得如何？是否有比你最初想象的更难实施的地方？你的计划达到预期目标了吗？你将如何修改这些计划？（也许问题不在于你制订的计划，而在于你的目标）。

在诚实地反思学习计划的结果后，你可以开始决定哪些方面值得调整。即使你已经实现了所有目标，我仍建议你保持这样的态度：总会有一些地方需要改进或变得更有效。

新计划可以是细微的调整，也可以是重大的修订。然后，你们就可以重新开始这个循环。在下面的章节中，我们将详细介绍如何制定真正适合自己的目标，介绍学习计划中使用的各种不同技巧以及帮助你们监控计划的实施情况，然后反思和重设你们的计划。这些步骤构成了我们学习框架中的元认知循环。

当我刚开始帮助学生更好地学习时，我发现他们的许多学习计划都是"边学边摸索"。这些学生特别容易陷入本书提到的许多学习误区。对于其中很多学生来说，让他们制定个性化的元认知循环周期，并使用不同的学习策略为他们提供了最需要的帮助。因为他们之前并不清楚适合自己学习的最佳方法，所以通过运用这些策略，他们取得了进步。当他们遇到困难时，不再认为是自己没有付出足够努力，而是会审视可以改变的各个方面。

> **新加坡国立大学理学院大三学生**
>
> 写学习计划的时候，我发现自己总是设定很笼统、很宽泛的目标。这常常让我失去方向，无法专注，因为我很难记录自己的进展。只有设定简短具体的目标或检查节点，我才能够确保时间和目标都在可控范围内。

了解最佳学习方法并不足以确保成功

然而，对于一些学生来说，元认知循环并不能解决他们最迫切的问题。在我的职业生涯中，我有机会与许多优秀的学生共事。尽管他们很聪明，之前在学业上也很成功，并且他们了解关键的学习策略，但其中一些学生的学习效果仍然不尽如人意。所以，我们漏掉了什么？

我认为，正是我所接受的医生培训让我意识到，只传授元认知循环的知识并不能使学生全面了解情况。仅仅知道如何学习，并不意味着学生能够实施他们的计划。我起初并没有意识到这一点，因为这太明显了：如果你缺乏自律能力，不愿意打开课本开始学习，那肯定学不会。如果没有良好的身体状况和学习心态，那么选择什么样的学习方法都没有用。如果身体不适或情绪不佳，就无法专心学习。因此为了更好地学习，所有学生都需要一套全面完整的学习方法，否则他们将无法学以致用。

因此，循环框架的下半部分代表着创造最佳学习效果所必需的坚实基础。虽然拥有这一坚实基础的必要性显而易见，但令我感到惊讶的是，很少有学生真正了解这些因素，并将他们落实到位。例如，很少有人知道不良的睡眠习惯对学习产生的影响。睡眠对学习的影响只是一个例子，说明我们通常不太了解大脑是如何工作以达到最佳学习效果的。

学习的社会决定因素

和那些致力于帮助学生的老师们一起工作，让我意识到全面的学习方法不仅局限于这两个基本要素。我发现，老师们有时候并未意识到学生学习成绩不佳的真正原因。这并不一定是因为他们缺乏学习动力，或者是因为他们缺乏我在本书中介绍的学习技巧。例如，可能是因为他们的家庭环境不利于教育。这就意味着，必须考虑采用更全面的方法来帮助他们在学校取得成功。

我不会详细讨论全面学习框架如何受到广泛的社会经济及文化因素影响，但这并非因为我认为它们不重要。实际上，这些社会决定因素对学习有着巨大的影响力。例如，我认为，亚洲社会对教育在个人未来成功中的重要性态度，是亚洲许多国家在经济合作与发展组织（Organization for Cooperation and Development，OECD）全球教育系统排名中名列前茅的关键因素之一。最近，我看到一则新闻报道提到了一个惊人的事实：2019 年，在国际文凭考试中，世界上有一半满分来自新加坡学生。在新加坡，教育领域的高成就备受推崇。对我而言，重视学习的文化导向是教育成功的根本动力。

同样，这些社会决定因素对我们学生的学习能力可能会造成严重损害。据经济学人智库的数据显示，新加坡和美国被列为世界上粮食安全指数最高的两个国家。然而，据估计，新加坡仍有超过 23 000 名儿童营养不良❶。在美国，大约有七分之一的学生来自联邦贫困线以下的家庭，每天饿着肚子上学。如果这种情况能出现在世界上两个粮食安全指数最高的国家，那么其他地方会发生什么呢？

贫穷、无家可归、犯罪猖獗或饱受战争蹂躏的地区都会削弱学生的学习能力，这一点不难让人信服。要解决这些问题，远远超出了本书的范围。虽然我不会在本书中涉及这些学习障碍问题，但我提到这一点是为了提醒大家，这些社会决定因素也会对学习产生重大影响。

---

❶ 即使在世界上最富裕、粮食最有保障的两个国家，仍然存在饥饿问题。这个问题往往不为我们所知。

我们将专注于全面学习框架中的特定领域。虽然框架范围较窄，但仍有许多需要讨论的内容，也需要你自行探索。需要考虑的因素很多，包括个人学习的优势和劣势、所学学科以及个人学习目标。

我们将在下一章开启学习之旅，深入探讨全面学习框架的精华部分和元认知循环，以及这一循环如何更好地改进你的学习方法。

总结：第一章

每位学习者都是独一无二的，因此需要个性化的学习方法才能更好地学习。因为影响学习的因素多种多样，所以需要综合考虑。战略学习者可以利用全面学习框架来规划并制订个性化的学习计划。

第二章
设定目标

误区	很少有人能够制定并成功实现自己的目标,所以也没什么重要的。想到什么就去做,不必考虑太多。
真相	我们都有自己追求的目标,无论我们是否意识到这点。我们应该更加深入地思考这些目标。

每年都有数百万人在深夜庆祝新年的烟花声中醒来,半梦半醒之间,试图提出自己今年最重要的目标。

我们注意到,一月份健身房里人满为患,每个人都发誓要变得更健康、更苗条。然而,几个月后,就像时钟装置一样,人流逐渐消失,这些人也不再有时间去健身。其他人设定了不同的目标(例如多吃蔬菜、多睡觉或写一本书!)也可能遇到类似的情况。我们基本上明白,在生活中设定目标是有意义的。但我们的大多数目标都是无益的,因此我们难以改变。

为什么我们总是设定不了长远的目标呢(图 2-1)?如果学习对我们如此重要,难道我们不应该制定以学习为中心的目标吗?

> **设定目标活动**
> 大约时长：2分钟
>
> 目的：思考你的目标。
> 说明：选择你最重要的目标（可选择多个）。

图 2-1 制定长远的目标

我们通常都是冲动地制订新年计划的。虽然一时兴起制定这些目标很简单，但我们其实不知道如何制定对自己有价值的目标。

这是一项更为困难的工作。

制定详细目标

当我的学生说他们没有设定目标时，实际上是他们没有认真思考过他们的"真正"目标，他们可能每年只花几分钟时间思考这些目标。现实情况是，即使没有认真考虑过自己的目标，他们仍然有目标，只不过这些目标并不完善。当我们不得不就如何利用我们的时间做出决定时，不管我们喜欢与否，这些决定都会影响我们的目标。不管它们是否经过深思熟虑，正确设定目标是任何战略性学习计划的第一步，如图 2-2 所示。

第二章 设定目标

全面学习框架

设定目标
计划（前）：
喜欢以前的工作吗？

评价（后）：
如何提升自己？

元认知
循环周期

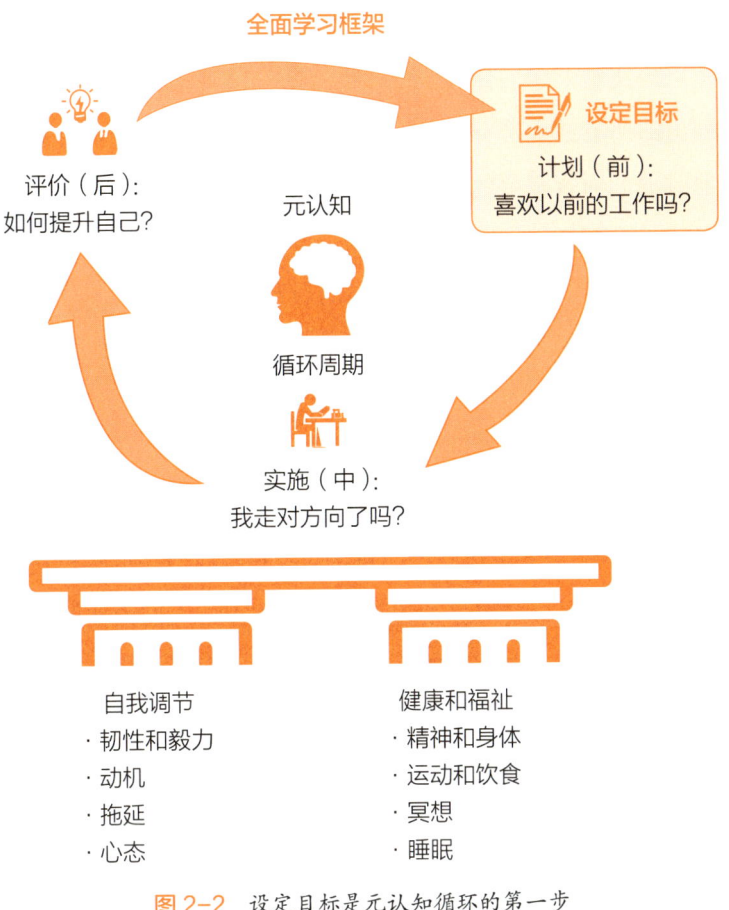

实施（中）：
我走对方向了吗？

自我调节
· 韧性和毅力
· 动机
· 拖延
· 心态

健康和福祉
· 精神和身体
· 运动和饮食
· 冥想
· 睡眠

图 2-2 设定目标是元认知循环的第一步

我的绝大多数学生都会制定目标，但他们通常把目标定性为其他人都有的通用目标："今年我要变得更健康！"这些目标非常模糊，根本不知道该如何去实现，也不知道自己是否已经实现。这类目标通常不是真正为我们量身定做的。当我们的目标不能反映我们真正想要的东西时，就很难激励自己为实现这些目标而付出必要的努力。

当我给学生们做上述目标设定活动时,他们几乎总是说列出的所有或大部分目标都很重要。他们可能还会告诉我其他对他们而言重要的目标。然而,选择太多重要目标等同于未选择任何一个重要目标。

一旦我们弄清楚了最重要的目标是什么,我们就会面临一个更大的问题:如何决定目标的优先顺序。我们的一些目标可能会相互冲突。我的学生经常说,和朋友一起放松和在学校取得好成绩的目标是冲突的。虽然这可能不完全正确(参见第八章:健康和健身,我认为平衡的生活会提高学习能力),但我们需要了解我们愿意接受哪些取舍。在这些相互冲突的目标中,哪个对你来说是最重要的,当人们说他们没有时间好好吃饭或锻炼身体等诸如此类的话时,他们也在说这些活动对他们来说不是优先目标。❶

不管我们是否意识到,也不管我们是否认真考虑过自己的目标,我们都得在时间上做出选择。因为每个人一天只有24小时,所以必须把握好时间的优先次序。也许你和大多数人一样,你所做的时间选择并不总是你真正想要做的选择,而是可能更多地反映了当时最容易做的事情、别人(比如父

---

❶ 我的学生,尤其是医学生,最常抱怨的问题之一,就是在实现"工作/生活平衡"中挣扎。但这种挣扎(通常在工作需求和家庭、朋友时间需求之间)反映了我们为确定自己的优先生活目标所做的努力。你的朋友和家人可能需要理解你的目标和优先事项。他们对你目标的误解甚至会比你自己对目标产生的分歧更容易导致冲突。

母）的期望，或者社会对你的期待。❶

难怪大多数人都不太想过于认真地考虑他们的目标，因为目标会让人难以承受。但是当我们没有一个明确的优先权时，我们怎么可能做出正确的决定，把宝贵的时间花在正确的地方呢？

因为我们的大脑总是想找捷径，不愿意费力去仔细思考，所以我们常常觉得设定目标没必要，反正随心所欲也行。如果不努力设定目标，我们就只能凭感觉或者眼前最急迫的事情做决定。这样真的合理吗？难道不应该更认真地考虑一下自己的目标吗？

如何制定 SMART❷ 目标?

如果设定目标变得更容易，那么就会有更多人制定并坚持目标。

---

❶ 你可能听说过"虎爸虎妈"这个词，它是对过于严格、要求苛刻的父母的漫画式描述。"虎爸虎妈"对教育的高度重视、高标准的学术要求、勤奋工作以及强烈的家庭观念是亚洲文化不可分割的一部分。父母对子女的关注有助于他们在未来的事业中取得成功。然而，我认为这种教养方式存在"金玉其外，败絮其中"的问题。过多地使用这种方法会对某些孩子的心理造成伤害。必须对每个孩子都"恰到好处"。而且，无论父母在我们年幼时给了我们什么目标，随着年龄的增长，我们都必须确立自己的目标。很多时候，我们的目标与父母的目标是一致的，但并不一定如此。

❷ "SMART"作为一种制定商业目标的方法，最早由 D.T.Doran 于 1981 年在文献中提出。随后，又出现了许多不同的版本，字母代表着不同的单词，强调目标的各种特征。本书采用 Specific、Measurable、Achievable、Relevant 和 Time-based 5 个单词。

当我开始教学生如何制定目标时，我们向他们展示了一种常用的方法，即 SMART 目标。

Specific（具体化）：你的目标是否明确具体并且不模糊？

Measurable（可量化）：目标是否能量化并且能追踪你的进展？

Achievable（可实现）：这个目标对你来说是可实现的吗？

Relevant（相关性）：这个目标与你的愿望相关吗？

Time-based（时效性）：是否有合理的、明确的时间来实现/测量这个目标？

我发现，SMART 格式对刚开始学习如何制定有用目标的学生很有帮助。虽然我不想在这里讨论目标和目的之间的区别，但我想说的是，设定过于模糊的目标是一个常见的错误。这样的目标实际上变成了"非目标"，任何人都可以达到，具体取决于对目标的界定。

例如，"每天阅读课本"这一目标可以是指只阅读本章的第一页，也可以是指阅读整本书。它可以是对教材的粗略浏览，也可以是深入、集中的阅读和分析。如果你的目标没有明确界定，那么你就可以把它们变来变去，直到毫无意义为止。遵循这些 SMART 目标规则，你就能避免这些陷阱。

我们的学生还有一个倾向，就是制定能够体现他们努力成果的 SMART 目标。比如取得"全 A"成绩或是在即将进行的游泳比赛中获得金牌。结果可能受不可控因素影响（例如，你可能发现自己与奥运金牌选手迈克尔·菲尔普斯和约瑟夫·斯库林同场竞技）。因此，我们建议学生们设立以任务而非结果为中心的 SMART 目标：比如每天进行两次一小时的游泳练习。监控你对任务的进展要比结果更为直接简单。（如表 2-1 所示）

表 2-1　SMART 目标与非 SMART 目标比较

	非 SMART 目标：下学期在物理课上取得更好的成绩。	SMART 目标：在课程期间，每周参加一小时的物理模拟考试，以测试我的知识水平，目标是达到至少 80% 的正确率。
具体化	这个目标并不具体，也就是说，你将如何取得更好的成绩？	这个目标列出了任务的具体名称以及花费时间。
可量化	您希望自己的成绩提高多少？这是否适用于期末考试或者课程成绩？	明确定义并可衡量的具体绩效目标，包括时间投入和绩效水平。
可实现	这是可以实现的吗？还是说这只是一厢情愿的想法。	每周抽出一个小时进行模拟考试是合理的。如果正确率未达到 80%，您可以继续学习。
相关性	这个目标与你的志向相关。（见下一节）	这个目标与你的志向相关。（见下一节）
时效性	这目标是指学期中的任何时刻吗？所述时间很模糊。	明确规定了考试时间和完成时间。

元认知循环：战略学习之旅

SMART 目标还不够：理想目标

当我教学生如何设定对他们真正有用的目标时，我意识到理想目标比 SMART 目标要复杂得多。

虽然我认为 SMART 目标设定方法很有用，但我觉得这些目标对大多数学生来说并不够全面。例如，很多学生都有非常宏伟和雄心勃勃的目标（比如成为医生或律师、在奥运会上获得金牌或拥有自己的公司），这些目标可能在特定时间内实现也可能无法实现。你是能忽略这些理想目标还是更注重任务导向、短期可实现的事情呢？我认为不能。

举个例子，我每天都给自己设定一段时间来写这本书。但对我来说更重要的可能是让这本书成为畅销书。这个目标具体吗？（不太……什么才算是畅销书呢？如果只有我妈买了一本呢？）它是可衡量的吗？（也许我可以设定一下畅销书需要达到的准确销量。）它是可实现的吗？（希望如此，但并不容易。）它是否和我的志向有很大联系呢？（是的）它是否有时效呢？（对于这个目标，如果这本书出版了，我会非常高兴和放心，不必拘泥于特定截止日期。）

在写书的时候，给自己设定一些远大的目标对我很有帮助。但是，我还没准备好去确定要在多长时间内卖出多少本书，或者这本书应该上哪个国际畅销书排行榜。我们把这种大而无畏的目标叫作理想目标，和具体可实现的 SMART 目标区分开来。我的理想目标就是写一本书，它能激励着我，并且正是当时我的动力来源。有用的理想目标通常都超越了我们平常所能达到的范围，它们应该尽可能地大胆、引人注目，但也不要太过于恐怖以至于让你失去动力。这些目标可以让你脱颖而出，虽然可能难以实现，但对你来说仍然是可信的。

既要有理想目标，也要有 SMART 目标。要将短期 SMART 目标与长期理想目标结合起来。SMART 目标能够引导你实现理想目标。我可以用 SMART 目标来监督我的进展，这有助于我保持正确方向。但是，理想目标会让我更容易做出艰难的决定，优先考虑我应该做或不应该做的事情。

设定你的理想目标

当我问学生他们的理想目标时，他们通常会说"全 A"或者成为百万富翁。但是，这种目标并不仅限于职业或学术上的抱负，比如创办一个非营利组织来拯救环境，成为职业篮球明星或大学教授。我鼓励他们从更广泛的角度考虑，包括与家人和朋友亲密关系的建立，优化健康状态以及实现精神层面上的目标。再次强调一下，无论我们是否实现这些目标，我们都有自己内心渴望达到的东西。我们已经将它们纳入日常实践。如果能更清楚地了解对你最有意义的理想目标，岂不是很有帮助？如图 2-3 所示。

理想目标:
幸福生活的 7 个维度

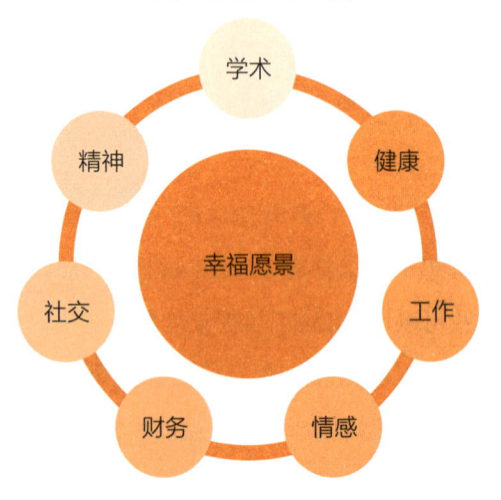

图 2-3 幸福生活的 7 个维度：其他值得考虑的价值 ❶

理想目标：幸福生活的 7 个维度。

- 学术：学习新技能和知识，发挥创造力。
- 健康：医疗、合理膳食、锻炼。
- 工作：职业的成就感和满意度。
- 情感：理解和处理自己的情感。
- 财务：免于财务忧虑。
- 社交：与他人建立积极的关系。
- 精神：寻找生活中的意义。

---

❶ 有许多不同版本的模型来描述个人幸福的各个层面。我对这些模型进行了调整，总结出了我认为代表幸福生活最基本的 7 个维度。

这 7 个维度代表了评估"幸福生活"时应考虑的因素。这几个维度在图中是相互关联的，因为你的一些目标会影响到其他维度，所以用这个模型来帮助你思考和决定自己的理想目标。在生活中总会有某些方面需要比其他更多地得到关注。在学生求学阶段，大多数学生更注重学业或智力发展，而非对当前经济状况的满意度。然而，我们应该持续审视自己的理想目标，并随时调整关注重点。确立新的人生方向意味着实现新的理想目标，而这些新目标将指导我们如何有效利用时间。

多年来，我一直在考虑着写一本书，但从未动笔。我发现要找时间和精力写作很难。因为我总是把大学的领导工作放在第一位，这些角色需要我投入大量时间，再加上我的其他理想目标，所以让我制定任何写作目标都变得不切实际。我不需要为自己没有写书而生气，因为时机不对。然而，一旦决定把写这本书作为我的主要理想目标之一，我就必须把全职工作改为兼职工作，以适应这个目标。这种工作上的变化需要在经济上做出重大调整，但当我最终要实现写书这个理想目标时，这一决定的必要性就显而易见了。❶

---

❶ 如果你对自己的理想目标感到困惑，可以尝试以下方法：编写自己的讣告。无论是真实描述，还是描绘心中理想生活，你都可以问自己，别人会如何记得你？如果你选择写实描述，思考一下，你目前是否正在为实现这一目标而努力？无论选择哪种方式，这种方法有助于你更清晰地认识自己的重要理想目标。

以我自己编写这本书为例，想说明设定正确目标有多么具有挑战性。我不是一个天生的作家，将想法转化为文字并输入电脑有时让我感到痛苦。通常情况下，写一个小时后，我就会筋疲力尽。如何激励自己每天早上坐在电脑前写作数个小时，而不去理会"待办事项"清单上的无数其他紧要事务值得思考。一旦我意识到现在是通过写书来实现自己理想目标的最佳时机，就有动力去做它了。

"金发女孩"与恰到好处原则

另一个使设定 SMART 目标变得棘手且可能令人气馁的方面是它们存在我所说的"金发女孩和三只熊"的问题。有些人可能没听过这个故事。《金发姑娘和三只熊》是一个 19 世纪的儿童童话故事（图 2-4），讲的是一个名叫金发姑娘的小女孩在森林里游荡，偶然发现了三只熊的房子——熊爸爸、熊妈妈和熊宝宝的房子。当时三只熊都不在家，于是金发姑娘决定进屋去看看。她发现桌子上有三份饭菜，一份太热，一份太冷，她最终吃了"刚刚好"的那份（熊宝宝的）。同样，她发现其中一把椅子（熊宝宝的）"大小刚好"，但她坐上去后把椅子弄坏了。因为走累了，她就上楼试了试不同的床，最终找到了一张"刚刚好"的床（又是熊宝宝的），躺在上面睡着了。三只熊回到家，发现食物被吃光了，家具也被砸坏了，又发现金发姑娘躺在熊宝宝的床上。听到熊们进来的声音，金发姑娘尖叫着从睡梦中惊醒，然后跑出了屋子，再也没有回来。(真实的故事比我的版本有趣得多，但我想你应该明白了。)

图 2-4 《金发姑娘和三只熊》插图
将事情处理得恰到好处，否则可能会带来麻烦。

我们已经定义了 SMART 目标，即目标不能太难以至于无法实现。与此同时，如果目标太容易，则会变得毫无意义，浪费了制定目标的时间，因此目标需要恰到好处。

列夫·维果茨基是一位俄罗斯学习理论家，他创造了"最近发展区"这一概念。维果茨基理论认为，为了获得最佳的学习效果，我们需要处于这个区域内，在适当的帮助下学习才可能实现。如果材料过于困难，那么我们会感到不知所措或气馁而停止学习。而如果内容过于简单，则无法获取新知识取得进步。每个人都有自己的最近发展区。

正确的目标设定是寻找最佳区域的必要条件。把事情处理得恰到好处意味着在某一时刻做得刚刚好。随着时间的推移，我们会越来越熟练地完成一项任务。随着我们对某一主题的深入了解，以前恰到好处的目标很快就会变得过于简单。但是，学生如何找到实现目标的最佳区域呢？

反馈

当科学家们尝试设计如何引导火箭达到特定目标时，首先他们必须计算所有可能影响导弹在空中和太空中飞行的因素。考虑到这些信息，他们最初认为可以在发射时为火箭设定正确的飞行路线，使其能够抵达目标。然而，他们发现不可能以这种方式成功导航导弹。

他们意识到无法了解所有可能影响火箭飞行模式的因素。许多意外因素超出其控制范围（如最后一分钟的变化）。因此，他们提出了利用"反馈"思想来导航导弹的方法。他们设计的火箭可以监测其在太空中的位置，以及该位置与最后目的地之间的关系。每当火箭开始偏离航线时，无论原因何在，他们都会将这些信息反馈给火箭发动机，使火箭能够进行补偿并回到正常航线上。

"这并非火箭科学"通常用于描述一个不太具有智力挑

性的任务。然而，对我来说，目标设定确实是一门高深的学问。虽然看起来容易，但要做到精准相当困难。火箭科学可以帮助我们更好地制定目标。

大多数人设定目标后无法坚持下去。他们的问题不在于一开始就设定目标。相反，他们的问题是认为设定目标是一件很轻松的事。你的第一个目标很可能就是错误的，需要根据实际情况重新考虑调整，然后再重新设定。虽然我们不应该频繁地调整目标，那样会变得毫无意义，但必须让它们保持在"恰到好处"的范围内。我们教学生设定目标，也是为了让他们明白，在实现长期目标的道路上，目标是不断变化的。当我们没有达到 SMART 近期目标时，我们也不应该气馁。

我们的 SMART 目标可以帮助我们判断是否设定了过高或过难的目标。在这种情况下，我们需要调整期望，设定更为现实的目标。相反，如果我们轻轻松松就达到了目标，那么就应该重新审视下目标，并使之更具挑战性。我们应该根据自身表现不断调整目标，就像火箭为了达到目标而做出调整一样。

目标必须调整到"恰到好处"

人们通常认为目标是固定不能改变的——就像足球场上的球门或美式橄榄球场上的得分线一样，这些静态目标在任何情况下都保持不变，我们必须找到一种方法来实现目标以获得分数。

对于一些目标，比如取得更好的成绩或减肥，设定这种具体目标有助于监测进步并推动个人朝着目标迈进。然而，许多人一旦达成目标便会松懈，难以保持。例如，尽管在美国有三分之二的人超重，但令人震惊的是，只有六分之一的人成功减肥并保持成果。对于那些短暂减肥后又反弹的人来说，可能会觉得自己已经达到目标，从而松懈。对于这种情况，我认为将达到特定体重的即时目标转变为终生追求健康的过程是非常有益的，这不仅有助于实现目标，还能帮助保持成果。

我们鼓励学生设定目标，并不断调整以适应生活中常常出乎意料的变化。当我们努力却未能达成目标时，考虑到也许是因为我们制定的策略不正确，或目标本身不太合适。所以应迅速原谅自己，并吸取教训。

虽然我们很容易随便定个目标，但要找到对自己真正有帮助的目标可不容易。而且，设定了一些目标几周甚至几个月后，大多数人都忘得一干二净。就算有人开始追求他们的目标，也没几个能坚持下去。与学习其他方面一样，要想取得实际进步就必须付出"努力"，而正确设定目标也需要大量的思考和反省。

那么你的学习目标是否与生活中的其他重要目标相协调呢？首先，提出几个远景目标，再列出几个与之一致的

SMART 目标。一旦制定了一套对你有用的目标，就应随着时间的推移不断完善这些目标，使其"恰到好处"。请注意：当你的目标设定影响到时间分配的决策时，例如，为了准备即将到来的考试，你拒绝了朋友的聚会邀请，这样的决定你接受吗？如果不接受，那么可能你的学习目标设定得不正确。想想你大部分时间是如何度过的（是的，甚至想想你每天睡觉的时间！）。也许你需要重新考虑你的远景目标。你的目标以及为它们设定的优先级应该与你在这些目标上面花费的时间相一致。

对于学术目标的反思至关重要，这有助于细化你真正想要实现的目标。只要你自己能完成这项工作。现在，让我们开始制定实现学习目标的策略吧。

新加坡国立大学理学院化学系四年级学生

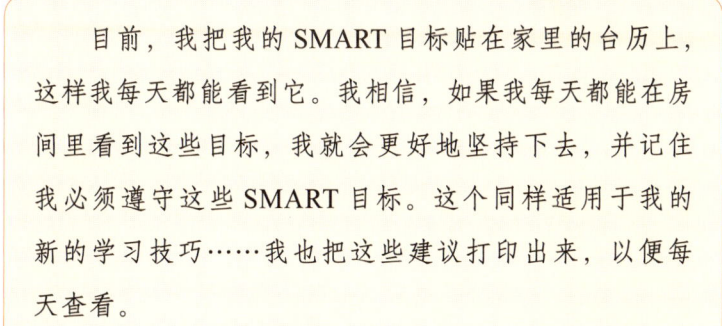

目前，我把我的 SMART 目标贴在家里的台历上，这样我每天都能看到它。我相信，如果我每天都能在房间里看到这些目标，我就会更好地坚持下去，并记住我必须遵守这些 SMART 目标。这个同样适用于我的新的学习技巧……我也把这些建议打印出来，以便每天查看。

总结：第二章

每位战略学习者都应当从制定理想目标和 SMART 目标开始，并确定其优先次序。这些目标是制订学习计划的基础，应随时间不断变化和调整，以确保恰到好处。

第三章
元认知循环——识别与回忆

> **⚠ 误区** 我知道什么时候掌握了某些知识,什么时候忘记了。
>
> **☑ 真相** 识别和回忆之间的区别并不明显,想要了解这两者之间的差异只有一个方法(阅读本章可以找到答案)。

元认知循环是全面学习框架的核心,也是任何成功学习计划的动力。正如上一章所述,我们的循环从制订计划开始,其中包括理解个人目标以及将学习目标与生活中其他重要目标相结合。我们已经讨论了 SMART 目标和理想目标,并找到了它们之间"恰到好处"的平衡点。元认知循环中的规划部分不仅涵盖你的学习目标,还包括采用不同的学习策略来帮助你优化学习并实现这些目标。

现在,我们来进一步了解这些策略。

学习者对元认知循环中使用的学习策略感到惊讶的是其中许多策略似乎违背了我们常规的学习方式。这些惊讶源于我们对自身学习效果的感知,如图 3-1 所示。

全面学习框架

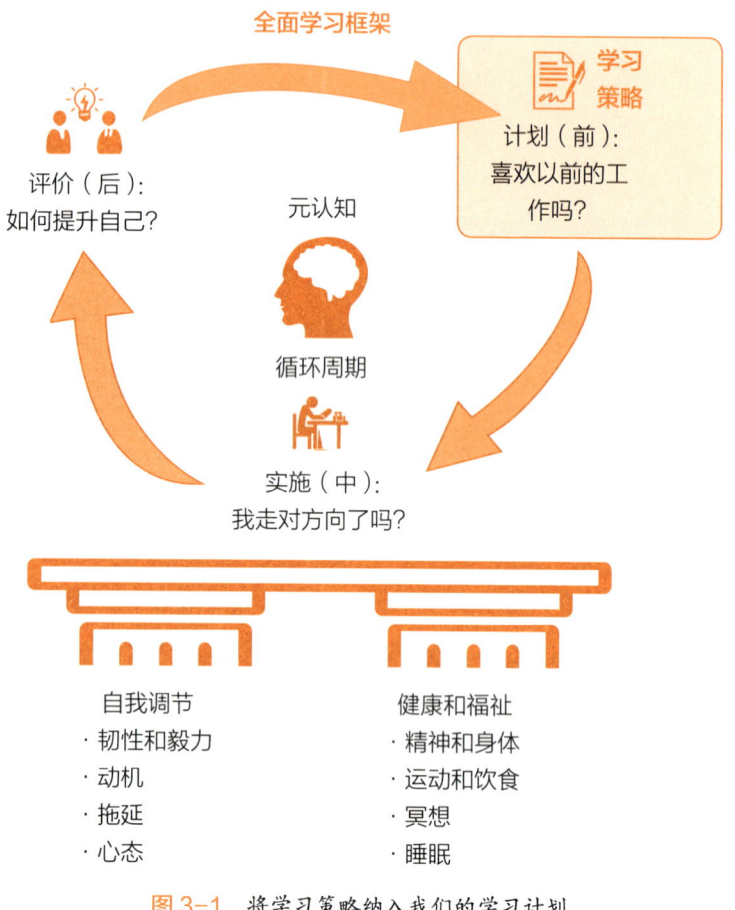

学习策略

- 计划（前）：喜欢以前的工作吗？
- 元认知 循环周期
- 实施（中）：我走对方向了吗？
- 评价（后）：如何提升自己？

自我调节
- 韧性和毅力
- 动机
- 拖延
- 心态

健康和福祉
- 精神和身体
- 运动和饮食
- 冥想
- 睡眠

图 3-1　将学习策略纳入我们的学习计划
这些策略是根据我们遗忘事物的三个特点来设计的。

如果你像许多学生一样认为"知道自己学到了什么，也知道自己没有掌握的知识"，你的短期记忆中保存着一些信息，那么通过学习你可以将这些知识转移到长期记忆中，为即将到来的考试做准备。你可能会在考试前熬夜，为了尽可能多地把信息储存在短期记忆中，以便在考试时提取这些信息。遗憾的是，这些想法会阻碍影响你优化学习效果。

为什么要记忆？

当今世界，随着智能手机的广泛普及以及搜索引擎的便利操作，人们使用这些似乎能够回答任何问题，记忆似乎没有以前那么重要。信息随处可得，并且随着时间的推移，获取信息变得越来越轻松。一些教育工作者已经开始怀疑，现在还有必要记忆吗？这种观点与过去提出的一个观点相似，当时许多人认为在课堂上使用计算器可以让数学学习者将他们的精力投入到更复杂的问题上。令人欣慰的是，计算器的使用并没有导致一代又一代的学习者无法进行乘法、除法或执行其他简单计算。

鉴于我们目前所掌握的技术，通过互联网搜索信息已经成为一项比单纯依靠记忆更加重要的技能。通过网络搜索后，我们需要具备批判性思维去分析所找到的信息，判断材料是否与问题相关、信息是否可信，等等。这种批判性思维能力被认为是21世纪重要的技能之一。

尽管如此，我仍然认为，如果头脑中没有一套可以轻松回忆（记忆）的基础知识体系，我们就没有足够的信息来进行批判性思考和创造性活动。❶ 如果每次都停下来查找经常需要的信息，那就太浪费时间了。通常情况下，最好将时间花在查找不常用但非常重要的信息上，而不是依赖于我们经常被摧垮的记忆力。虽然我承认，关于我们应该记忆多少信息和应该在多大程度上依赖技术的争论仍在继续，但可以肯定地说，记忆一些信息是必要的，优化这种技能仍然很重要。至少，对于本书的大多数读者来说，要想在学校考试中取得好成绩，记忆仍然相当重要。

可惜的是，关于记忆的真相并不像我们想象的那么简单，尤其是在学习方面。为了让你更好地理解记忆的复杂性，让我们从下面的练习开始，进一步深入了解我们的记忆，如图 3-2 所示。

识别与回忆

多年来，记忆研究人员一直在使用短期记忆和长期记忆（以及工作记忆）模型来进行研究。短时记忆是指我们大脑在学习了新知识后，可以在遗忘之前将其回忆起来。如果我们做了某些事情，例如深入研究这些信息，那么这部分短期记忆就能转化为长期记忆。存储在长期记忆中的信息可以在未

---

❶ 对于那些想要更多了解关于记忆和思考辩论的人，我推荐阅读 D.T. Willingham 所著的《为什么学生不喜欢学校？》一书。书中作者能够将有关人类认知的科学发现转化为教育的实践论据。

> **动物园活动日**
> 持续时间：5~7 分钟，最长不超过 20 分钟
>
> 目标：理解"识别"和"回忆"的区别。即使你试图尽快浏览本书，我也强烈建议完成这项特定活动。
>
> 说明：本次活动分为两个部分：首先观看一个动物视频。在进行第二部分之前，请至少等待 15 分钟或更长时间。如果没有足够的休息时间，活动效果可能会受到影响。在这 15 分钟的间隔中，你可以自由选择做任何事情。
>
> 你需要准备写字工具（纸笔或手机上的记事应用）。在进行此练习时，请仅依靠你的记忆；请勿在观看视频时记录任何内容，直到收到指示为止。

图 3-2　动物园活动日

来的考试、工作、竞赛等场合派上用场。短期记忆是有限的，大脑在任何时候都只能存储少量信息（有时只有 5 到 7 条信息）。❶虽然文献中关于工作记忆的定义存在差异，但通常认为工作记忆是大脑对重要信息进行暂时处理并适当存储的过程。

尽管这种模型有助于研究人员更深入地理解记忆的科学原理，但它并不能完全反映我在学习过程中的真实体验。事实上，事实记忆是非常动态和复杂的，是一些信息从短期记忆转移到长期记忆库中进行永久存储或迅速遗忘。这种模型

---

❶ 为了方便讨论，我只谈论事实记忆这一种知识类型，这仅仅是修订后的布鲁姆分类法中描述的知识类型之一。这篇出版物中确定的其他知识类型包括：概念性知识、程序性知识和元认知知识。

更接近计算机的工作方式,然而对于我的学生如何更好地学习并没有太大的帮助。相反,我认为长期记忆是从能够轻松回想起的内容逐渐发展成只存在于潜意识中的内容的。有些记忆会强烈地在我的意识中持续一生,而另一些似乎只持续了几秒钟,并且可能需要特定情境触发才能再次出现。

在教授学生关于学习的知识时,我们不是要求他们简单地将记忆分类为短期记忆与长期记忆的模型,而是指导他们理解识别和回忆之间的区别。当我们记住某件事时,通过感官体验我们能够意识到以前曾经历过它:看过、听过、感觉过、尝过或闻过。在所有可识别的事物中,只有其中一部分能够被迅速且自由地回忆起来。

换言之,识别是指在有提示时确定先前是否见过或经历过某事的能力。我们的长期记忆可以存储大量信息,因此我们能够进行识别。回忆则是指在没有额外线索或提示的情况下记住某事的能力,它是一种检索记忆事实或图像的能力。当你认出之前见过的人但无法回想起名字时,就体现了这种差异。当我们在演讲中停顿,拼命寻找那个难以捉摸的合适的词语时,会意识到所需术语虽存在于大脑中却无法回忆,因而感到困扰。然而,如果给予一系列不同单词供选择,则可迅速解决记忆失误。

在上述动物园活动日,大约90%的班级学生能够准确记住第二段视频中展示的新动物数量。然而,只有少数学生能够轻松回忆起第一段视频中展示的大部分动物。这表明,为了在第二段视频中正确识别这么多新动物，他们必须首先准确识别第一段视频中的几乎所有动物，尽管他们无法轻松回忆这些动物。这凸显了识别先前见过事物和自由回忆之间存在的差异。

尽管人类大脑已经拓展出识别大量信息的能力，但我们存储"可回忆"信息的容量是有限的。互联网搜索引擎利用了这一记忆原理，它们首先要求用户回想一个更易检索的关键词或想法，然后提供一系列可能的答案和网站，让用户选择感兴趣的内容。搜索引擎明白用户可能无法确切地回忆起应该使用的确切词语，因此只需接近目标并识别所需想法即可。

难怪学生们更喜欢选择题而不是其他需要回忆的题型，比如简答题或论述题。他们发现选择题考试更容易得高分，因为这些问题通常测试的是识别能力。教师也更愿意出选择题来考查学生，因为它们更容易评分。这一点更适用于数量多的班级。虽然编写需要记忆的选择题是可以实施，但相对困难且不常见。遗憾的是，在现实生活中，如解决企业面临的问题或设计创新方案时，并不会列出一系列解决方法供你识别和选择。教育的主要目的是让我们学会运用所学知识解决问题，而不是死记硬背各种事实。

图像识别

值得注意的是，我们的大脑可以轻而易举地记住看过的

元认知循环：战略学习之旅

成千上万的图像，甚至是那些只观察了几秒钟的图像。❶ 我们的大脑已经习惯了长时间识别它们。尤瓦·诺亚·哈拉利在他的《人类简史》中提出，我们的大脑是在远古人类狩猎采集的过程中进化而来的。人类的祖先需要识别成千上万种不同的植物和动物。可食用的还是有毒的？安全美味，还是危险？会不会被吃掉？因为早期人类几乎没有时间做出反应，所以随着时间的推移，我们不仅培养了识别大量信息的能力，而且还能在需要时利用这些信息迅速采取行动。

随着人类社会进化为更复杂的文明，仅仅依靠图像识别远远不够。数字和数据等新型信息类型变得日益突出。遗憾的是，我们的大脑并不擅长保留这类信息，而且被记住的信息在我们去世后也随之消失。直到人们开始用文字来记录知识，我们的社会才超越小范围内的个体而取得进步。

我们收集了数十亿的记忆痕迹，这些痕迹一直存在于我们的大脑中，使我们具有识别很久以前第一次所看到图像的非凡能力。然而，我们回忆起这些相同图像的能力却非常有限。体现这种差异的另一个例子来自那些年轻时就学会了另一种语言的人，由于后来不使用而失去了这种能力。他们不再记得表达自己的单词。然而，当这些人在晚年再次尝试学习这种语言时，他们能更快地掌握这种语言，更轻松地辨认

---

❶ 心理学家理查德·怀斯曼让两名研究助理在一个周末查看了很多张图片。在看过 1 万张图片后，他们能够识别出其中大约 65% 的图片。尽管他将自己的实验命名为"全面回忆"，但更准确地说，他测试了他助理的"全面识别"能力。

出单词的含义，更容易说出正确的口音。即使感觉一切都失去了，但对这种语言的记忆仍然存在。

我们认为我们可以回忆起我们能识别的事物

"动物园一日游"活动表明，我们大脑能够回想起的内容与它能够识别的内容是不同的。当我们说我们已经忘记了某件事时，通常意味着我们已经失去了回忆它的能力，但那件事的部分甚至全部信息可能仍然存在于我们的大脑中。这两种都是对材料进行"理解"的不同方式。大脑很难区分能检索到的信息和仅能够识别的信息，当两者不一致时，大脑会感到惊讶。我们认为我们应该能够回忆起我们所能够识别的任何事物。这种差异的一个典型表现是，"话到嘴边，但就是找不到正确的词语"。相信我们都有过这样的经历。

遗忘是人类的天性，具有讽刺意味的是，我们往往容易忘记自己会遗忘的事实。即使我们都亲身经历过遗忘，但这种情况仍然不断在我们每个人身上发生。当学生告诉我，他们已经学习了教材并认为自己已经掌握，但在考试时却怎么也想不起来时，我仍能听到他们惊讶的声音。同样，我也经常听到同事们在学生忘记知识点时对他们的抱怨。他们惊讶地发现，医学生在入学第一年学习的人体解剖学知识，到第二年外科轮转时居然记不住了。

学习需要在适当的时间获取准确的信息，并以恰当的方式进行思考。记忆仅仅是将信息存储到大脑中,使其能够进一步处理。在考试的压力下,我们要让大脑尽可能轻松地检索到回答考题所需的信息。通过促进回忆重要信息的能力来优化学习过程,这对回答以上问题至关重要。

我们回忆信息的能力会随着时间的推移而迅速减弱,因此,在某一时刻能记住的东西,在下一时刻可能就记不起来了。要想区分大脑能从记忆中检索(回想)出什么,唯一的办法就是进行测试。幸运的是,当我们测试自己是否足够了解并能回忆起这些知识时,我们就是强化(练习)了从记忆中检索这些知识的能力。在学习方面,对一个主题进行更深入的研究会使该信息以及与之相关的其他信息更容易被"回忆"起来。如果在一个主题上花费的时间较少,或者对它的研究不够深入,这就意味着在我们下一次试图检索它时,需要花费更多的脑力。

因此,识别某物对我们的大脑来说是轻而易举的工作,不需要太多努力就能完成。相比之下,回忆起来就比较困难了。我们可以使用哪些学习策略来帮助我们更好地记忆和回忆事物,而不仅仅是识别它们呢?为了改进我们的学习方法,这些策略应该纳入我们全面学习框架中的"计划"部分。

遗忘曲线:我们记忆和遗忘的三大特征

19世纪80年代,赫尔曼·艾宾浩斯对遗忘过程进行了系统研究。当时,大多数研究人员都在试图确定人们是如何获取新信息,而艾宾浩斯却洞察到了人们是如何遗忘最初所学知识的。在他的经典实验中,他花了很多心思去研究人们是如何遗忘的。他选择将自己作为研究对象,并记住了一系列无意义的单词(辅音-元音-辅音组合,如"GAD")并记录下自己遗忘这些单词的速度。最终一丝不苟地完成了他的实验。100年后,当他的实验重新开展时,令人惊讶的是,得到的结果完全相同!

艾宾浩斯记录了我们所有人都经历过的事情:我们通过5种感官获取数据,然后将这些信息转化为记忆,这一步称为编码。当这些信息存为我们的记忆后,就会迅速消失,如图3-3所示。

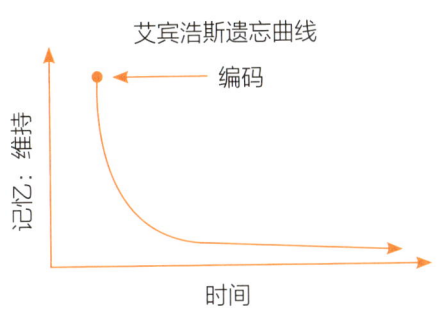

图 3-3 艾宾浩斯遗忘曲线

实际上,艾宾浩斯在研究那些随机生成的字母时,就发现他在一个小时后就忘记了,无法回忆起他所学的一半以上内容。剩下的信息随后也逐渐消失。

因此艾宾浩斯发现了遗忘的 3 个重要特征：

- 加强初始信息编码可以改善记忆。
- 可以采用一些学习策略来延缓遗忘的衰减，以延长信息的保留时间。
- 一段时间内通过复习可以重置遗忘曲线，使信息记忆迅速恢复到较高水平。

为了帮助我的学生更好地理解和记忆不同的学习策略，我将促进记忆的方法分为 3 个类别，这些类别反映了艾宾浩斯遗忘曲线的不同特征。对于每个类别，我将介绍影响记忆保持的不同学习策略。我承认我的分类有点过于简单，但是因为这些不同的类别之间会相互影响和重叠，所以通过这种方式可以更好地帮助学生理解并记住如何利用不同的学习策略来提高他们大脑的记忆能力。

1. 影响记忆的第一个方面是编码，当我们的大脑首次接触到要学习的信息时，就可以进行编码。这些是我们在最初编码这些信息之前和编码过程中都可以进行的活动。

2. 对信息进行编码之后，能够影响遗忘曲线的第二个特征是：随着时间推移，我们的记忆会迅速消失，但是我们可以采取一些措施来延缓这种遗忘过程，从而对那些材料记忆更持久、更容易回想起来。

3. 遗忘曲线的第三个特点是我们能够在记忆消失后"重置"记忆。换句话说，即使大部分信息已经消失，我们也仍然可以迅速"提升"对这些信息的记忆。我们可以有效地将我们的记忆恢复到我们最初接触到并编码这些材料的时候。

接下来的三章将讨论影响遗忘曲线的各个方面。

总结：第三章

为了在考试中取得优异成绩，学生需要具备信息回忆能力，而非仅限于信息识别。我们的大脑擅长识别信息，然而，在学习完成后很快就会失去对信息的回忆能力。因此，我们需要采用一定的学习策略来改变遗忘速度。

第四章
元认知循环——记忆编码

> ⚠️ **误区** ｜ 记忆生成就像拍照或录制讲座一样。
>
> ✅ **真相** ｜ 你的大脑会自动编辑记忆中的内容，并与其他记忆联系起来，只是你不会意识到这点。利用记忆这一特点，可以提高学习效率。

无论是阅读书籍、观看视频还是品尝咖啡，你的大脑首先会利用其中一种感官（视觉、听觉、味觉、嗅觉、触觉）接收信息。随后，大脑会将这些信息加工成更复杂的抽象记忆，并将其存储起来，以便日后提取。这一过程被称为编码。我们有办法让大脑更充分地准备这一编码过程，从而延长记忆的保留时间。我们将在本章中探讨记忆的这个方面。

我们通常意识不到大脑在编码时会同时接收来自感官和记忆的其他输入，这些输入持续增加并与新记忆相关联。之前的知识和经验都会影响大脑编码信息的方式。大脑会剪辑掉认为不重要的内容，拼接其他记忆中的素材，并想象出新事物，添加片段填补缺失信息。

一切都在不知不觉中发生，见图 4-1。

元认知循环：战略学习之旅

> **"发嗒啦"感知活动**
> 大约时长：5分钟
> 进入活动/发嗒啦界面
> 目标：展示大脑在编码时会对各种感官输入进行解读。记忆不是对事件的简单记录。
> 指令：观看视频并选择你听到的声音。

图4-1 "发嗒啦"感知活动

记忆编码

大脑不仅仅像电影摄影机一样记录原始片段，供记忆在以后某个时间点回放。相反，我们的记忆更像是由大脑精心剪辑而成的完整故事片。

在"发嗒啦"感知活动中，视频里我说着不同的单词，而你们听到的却是相同的声音。然而，我们的大脑会根据我说的内容来解读和"感知"声音。这段视频展示了所谓的"麦克古尔效应"。令人惊讶的是，你的听觉感知是很难改变的。无论你看的是哪段视频，即使知道音频是相同的，你仍然会听到不同的单词。

这个视频是展示我们大脑运作的另一个特别例子，包括忽略（甚至是相当引人注目的）信息。第一次观看这个篮球视频时，只有不到一半的学生能够正确理解游戏中发生的事情，见图4-2。

> **传球活动**
> 时长：5~7分钟
> 进入活动/传球界面
>
> 目标：另一个关于大脑在编码记忆时如何工作的有趣例子。
> 指令：请仔细观看视频，并计算白队将球传给另一个队员的次数。请集中注意力，确保准确计数。这并非易事！如果你是首次参与此活动，请在我们的投票中输入你的数字；否则请留空。

图4-2　传球活动

大脑在对我们看到的事物进行编码时，还会对我们的感官输入进行额外的处理，以形成我们对篮球比赛的记忆。我们没有意识到哪些信息被过滤掉了，哪些信息被纳入了我们的记忆中。因此，当我们为课堂学习的信息编码时，我们并不总是能够完全清楚我们的大脑在编码时所建立或未建立的不同联系。

然而，当我们将信息编码到记忆中时，是否有一些方法可以帮助我们在以后更好地检索这些信息呢？确实有一些人具有超凡的记忆力，甚至还举办国际"奥林匹克"比赛来评选记忆冠军。这些优秀的人物能够在短短23分钟内记住纽约市电话簿，并且能够精准复述。这些确实令人印象深刻，大多数人会认为这是一种学习的"超能力"。

约书亚·福尔（Joshua Foer）在《与爱因斯坦同行》（*Walking with Einstein*）一书中描述了他参加背诵比赛并最终获胜的经历，尽管他和许多参赛者都声称自己的记忆力从一开始就只是一般水平。福尔的经历表明记忆高手们所使用的技巧并非只有少数幸运、有天赋的人才能掌握，而是任何人都可以学习的。每个人都能学会这些技巧，其中很多技巧都依赖于有意识地把熟悉的信息和他们想要记住的新信息进行编码。所有这些所需的只是要反复练习和有效的记忆编码策略。

然而，福尔的书名有点误导。超凡的记忆技巧与思考或创造能力是不同的。据说爱因斯坦甚至连自己的电话号码都记不住！而那些能够记忆大量信息的人也不一定需要具备解决相对论等理论的技能和洞察力。但是，这些记忆冠军确实有能力迅速将所学信息联系起来，以便在将来更容易地检索出信息。

将信息分块处理

人们在编码过程中记忆大量资料的最常见方法是建立一套系统，该系统允许他们将其与代表它的较少的信息量相关联。这些较小的信息片段需要记忆的内容较少，因此对记忆要求不高。如果这套系统与我们熟悉的事物相关联，记忆检索也将更容易。这些关联可以是物体、数列（例如从 5 开始递减的数字）、图像、地点等。记住这些较小的信息片段后，它们可以在需要时被"解码"，以便稍后能回忆出完整的记忆。

这种技巧最基本的形式称为"分块"。我们都用这种原则来记忆事物，比如信用卡号和电话号码，它们都是把数字分块排列的。记住一个电话号码"9738-5007"对我们来说更容易在脑海中形成画面并记住，而不是一串单独的数字9-7-3-8-5-0-0-7。电话号码更容易记住，因为其中的一些分块代表了我们与家人和朋友共享的不同地区（国家和州区号），所以我们已经很熟悉这些分块的数字了。

使用分块记忆法来记忆其他项目也很常见。例如，医学生通常会按照位置（手掌骨骼与手指骨骼）将身体的骨骼进行分组，以便更容易记忆。当你需要记忆某件事时，考虑如何以对你来说逻辑合理的方式进行分组。仅仅思考如何以逻辑方式（至少对你来说）分组事物，也会帮助你更容易地回想起相关信息。

记忆法和其他关联

将信息分成易于记忆的小块，并与其他容易回想起的记忆相关联，这种方法非常有帮助。

比如说，我小时候的电话号码最后4位是7412，这些数字深深地印在我的脑海里。如果我需要记住这个数字序列（甚至是类似的数字），我会想象我们家用过的电话来帮助自己记住它。另外，如果要记住"808"这个数字序列，我就会把它和我的名字"BOB"联系起来。对于一些人来说，把一个数字和他们熟悉的图像联系起来有助于更长时间地记住这

些数字。❶

将信息与图像关联起来是记忆法的一个例子,也是常用的一种记忆技巧。记忆法也可以是缩写、押韵或歌曲形式的联想。我承认,当我需要按字母顺序排列东西时,我仍然会在心里唱起我小时候学的 ABC 歌。

首字母缩略词是另一种形式的记忆法,由每个单词的首字母组成。当我刚从美国来到新加坡时,我经常被人们在日常对话中使用的缩略词所困扰。感觉他们在说另一种语言:"今天早上我有个 CCA,所以我从我的 HDB 搭乘 MRT 去 SGH,因为 PIE 到 CTE 会有高峰时段的拥堵,而且也想避开 ERP"(如需翻译,请参阅脚注)❷。我惊叹于人们对缩略语的创造力,在新加坡,这几乎已成为一种艺术形式。

记忆法不仅与单词有关,还与幽默的短语有关。那些让人脸红的短语似乎对记忆特别有效。"Some Lovers Try Positions That They Can't Handle"(有些情侣会尝试自己无法接受的姿势),人们用这样的表达来记忆复杂的骨骼单词(Scaphoid 舟状骨,Lunate 月状骨,Triquetrum 三角骨,Pisiform 豌豆

---

❶ 如果编码的信息更能与个人相关联,或者以某种方式与自身联系起来,那么它会更加有效(自我参照效应)。语义编码是指对信息的含义进行编码,而不是对其声音或图像进行编码。

❷ 对于不是新加坡人的朋友来说,这句话可以翻译为:今早我有个学校课外活动,所以我从我的组屋(公共房屋)坐地铁去新加坡中央医院。因为潘岛高速公路到中央高速公路(新加坡的主要高速公路)上班时间会塞车,而且我也想避开电子道路收费。

骨，Trapezium 梯形骨，Trapezoid 楔形骨，Capitate 头状骨，Hamate 钩状骨）。虽然你可以在网上找到很多记忆方法，但是想出一些对你自己有特殊意义的方法会更加有效。你还可以在网上找到免费的记忆法生成工具。如果需要更多帮助，请访问我们的网站。

研究学习的科学家们发现，当我们将信息编码成记忆时，其他相关信息也会同时被激活。这些相关信息在无意识中建立联系，这一现象被称为"传播激活"。对许多人来说，气味是记忆的有效触发器。当我闻到新鲜、略带湿润的青草的味道时，我立刻就会想起在斯坦福大学清晨骑自行车上课的情景。

这种现象被称为"普鲁斯特效应"。大脑的嗅觉中心（即嗅球）与杏仁核和海马体紧密相邻并相互连接，杏仁核和海马体是大脑中负责记忆和情感的区域❶。

编码特定性原则

选择的学习地点也会影响记忆，这种现象被称为编码特定性。这个原则表明，在学习时，如果能够在检索时获得环境线索，那么这些线索将会增强记忆。在一项对深海潜水员

---

❶ 我自己还没有尝试过这种方法，但我的一个同事在研究特定的化学课题时会使用不同的古龙水。他说自己会把这些气味与特定的课题联系起来，这样可以帮助他更好地记忆。

学习信息的研究中发现，无论是水下还是泳池边，只要在与学习环境相似的地方进行测试，他们就更容易回忆起信息。研究表明，潜水员需要获取水下信息，因此也应在水下学习这些信息。

学生通常会选择在他们认为最舒适的环境中学习，比如躺在床上阅读或戴耳机听着喜欢的音乐学习。然而，根据编码特定性原则，他们在需要回忆所学内容的相似环境中学习可能会更加有效。一些学生甚至会尝试在考试的教室里进行复习，这种学习策略不但可以提高记忆力，而且不需要额外付出过多努力（图 4-3）。

图 4-3 编码特定性：在被要求回忆信息的地方学习可能会增强记忆

第四章 元认知循环——记忆编码

> **新加坡国立大学工程学院四年级学生**
>
> 编码特定性原则指出，我们能够通过编码过程中使用的线索，更好地从记忆中检索信息。这对我来说确实很有效。例如，当我进入一个新房间时，我往往会忘记我要做什么。然而，当我回到原来的位置后，就能回忆起我最初想做的事情。在这种情况下，场所触发了我的记忆。

为建立联系做好思想准备

当我们最初在大脑中编码信息时，与我们已经知道的事物联系得越多，之后回忆起来就会更容易。就好比给社交媒体（Instagram 或者 Evernote）上发布的内容加上标签一样，只需要记住标签，就可以更轻松地搜索并找到所需的内容。

在学习新信息之前，先建立一个整体框架和背景会帮助你更好地理解和记忆。学生们可以利用这一原则，提前准备课程或课堂内容。大多数学生没有意识到课堂上提前进行预习是一种非常有效的时间管理方法。课前准备有助于巩固已掌握知识与新材料之间的联系，加强对所学内容的深入理解。

我建议在课程开始前，学生们可以先复习一下跟课程有关的基础知识，了解下课程的目标和要求，然后写下你对即将学习的主题已经了解的知识点。现在不用担心自己掌握得还不够多（毕竟，上课还没开始呢！）。如果你会画思维导图（见附录B），那就用它来记录这些内容吧，这是个实用的方法。很多同学都喜欢用思维导图来总结自己所知道的东西，并通过视觉方式厘清与其他已知事物之间的联系。

你写下的某些内容可能只是一种印象或猜测，也许你害怕写下的内容都是错误的。别担心，这很正常。当你把这些想法记录在纸上时，如果正在学习的知识与你认为自己已经掌握的知识相冲突的时候，你就会变得更加敏感。因此这种方法可以帮助你纠正最初不太理解的信息，只要确保在考试前纠正完就可以了！

在上课之前，快速浏览一下必读或推荐的章节，或者看个关于这个主题的视频。很多学生都不把课堂准备的时间放在学习计划中。有些人觉得这太难或太耗时，是浪费时间。至少，我建议你浏览一下所选教材中的必读或推荐内容并注意章节小标题，了解作者是如何组织材料的。在听课时也要记住这种组织方式。

还有一些建议也可以帮助你更有效地利用课堂时间。首先要特别关注必读材料中的图表和表格，因为它们通常包含了主要观点。其次每个章节末尾可能会有练习题，如果有的话，尝试猜测下正确答案！如果这本书写得不错，这些应该能突显出章节中最重要的思想。最后，在网上搜索即将学习的主题，先快速阅读材料概要也是一个不错的方法。

我想，你可能会说："他真的要让我提前预习吗？我课后都忙得不可开交！"这个建议对你来说肯定会觉得很奇怪，因为你以前都是按时上课，就像去看电影一样。你认为老师的职责就是在你的头脑中灌输你需要知道的一切："自学和努力学习可不是我的责任！"

然而，为了使这种学习方法对你产生实际帮助，你需要改变被动心态。这一技巧将有助于你更有效地利用课堂学习时间。

如果你像我一样感到在讲座中收获不多，有时被大量的材料压得喘不过气来，无法跟上课堂讨论或经常被教授搞得一头雾水，那么这个技巧将对你更有帮助。如果你正在学习非母语授课的课程，这个技巧将在你的学习中产生重大影响。养成这种习惯后，你会意识到它对于提前准备课堂内容和制订学习计划有着极大帮助。

提升编码的策略

首先制定一个系统的学习策略，有效地启动学习过程并将记忆信息高效编码到大脑中。其次将这些方法融入个人学习规划中，并在实践中找出最适合自己的方式。此外，对于本章前面提到的死记硬背技巧，我建议你尝试多种不同方法，并练习那些对你个人有效的技巧。通过反复使用这些技巧来"锻炼大脑"，有助于你更加擅长寻找和开发适合自己的记忆线索与联想。

锻炼大脑并不能直接加强你在其他非相关领域的整体批判性思维能力。下国际象棋也并不一定能让你的数学能力更强。然而，大脑是可以改变的。研究表明，当大脑学习新事物时，负责这一功能的结构（如肌肉）会增大。

如果你选择学习这些记忆技巧，你的记忆力将会得到很大提升。这是因为你学习并练习了新的记忆系统，这些系统能够更有效地编码和检索记忆内容，在本书中提到的所有技巧都需要花时间来掌握。

建议邀请你最喜欢学习的朋友组成一个记忆小组或者俱乐部，互相比赛谁能记住更多的东西（比如诗歌、人体解剖部位、人名、国家首都、圆周率或区号等）。胜者分享自己的秘诀，这样你就能学到更多记忆技巧，用新技能给其他朋友留下深刻印象。❶

注意事项

还有一些重要因素影响着我们有效编码的能力，我们之前还没有讨论过。除了编码的特定性（如学习环境）外，艾宾浩斯在他的记忆实验中还观察到，我们在学习时的情绪状

---

❶ 我认为，至少其中一些记忆技巧可以成为你朋友们聚会时的小把戏。不过，我也承认，你和你的朋友们可能对什么是有趣和好玩有不同的理解。

态（注意力、兴趣等）也会影响我们对该事件的记忆。

> 记忆的保持和再现，在很大程度上取决于首次接触某事物时所投入的注意力和兴趣的强度。就像被火烧过的孩子会害怕火，被打过的狗会躲开鞭子一样，只要有一次深刻的经历，影响就非常大。即使是我们每天都见到感兴趣的人，也可能想不起他们头发或眼睛颜色……我们的信息主要来自对极端和显著案例的观察。
>
> ——艾宾浩斯

艾宾浩斯在心理状态、专注度和注意力对学习和记忆的影响方面有很深刻的观察，这个话题我们会在第八章"基础——健康与幸福"详细讨论。

寓教于乐

经典文学作品、扣人心弦的电影、幽默搞笑的漫画甚至是精彩的演讲等极具吸引力的内容，都能够牢牢抓住我们的注意力，并更易于被铭记和回忆。当这些体验足够新颖且戏剧化时，我们会将其称为"难以忘怀"。遗憾的是，这样真正令人难忘的体验并不常见。人的一生中，能够给人真正留下深刻印象且可以长久地被记住的事物寥寥可数。娱乐业之所以具有挑战性，是因为我们大脑很快就会将类似材料（无论表现得多么出色）归类为"无聊且容易遗忘"。因此我们非常重视（通常也给予他们大量关注和金钱）那些能够脱颖而出的娱乐业人员，并且我们容易回忆起他们作品的表演者。

在使用这种创新的娱乐方式时，我们所能记住的信息量确实有限。大多数教育工作者不具备必要的技能，无法有效地将教学内容传递给学生并让他们记忆。因此，学生需要依赖非娱乐性方法来编码教师讲课所提供的信息。

一旦编码信息被储存在记忆中，以后需要时有没有其他方法可以帮助我们更好地回忆起来呢？接下来的几章将详细介绍如何实现这一点。

总结：第四章

我们的大脑以复杂的方式对所学信息进行编码，这种过程并非总能显现于意识之中。在学习过程中形成的潜意识联系也可有意地加以利用，以增强记忆力（例如通过分块、记忆法和编码特定性等策略）。注意力也是记忆编码时很重要的一个方面，第八章会进一步讨论。

第五章
元认知循环——
减缓遗忘曲线

> **误区** 学习应当尽可能简化以便学习者轻松掌握。优秀的教师能够使学习变得轻松愉快。
>
> **真相** 优秀的教师会让学习变得既富有挑战性又恰到好处。

认为学习应该越容易越好的观念,是众多学习误区中最难以让人信服的,同时也是最需要打破的学习误区。从某种程度上说,这种观点颇具合理性,因此也极具可信度,是大多数学生和教师普遍持有的观念。然而,尽管这种观点看似正确,但研究却一再发现其并不符合事实。

我们都非常清楚,大脑一旦编码并储存记忆后,我们就会立刻且持续地开始遗忘。在上一章中我们了解到,我们与任何新信息建立的联系都会影响将来回忆起该记忆的难易程度。正如艾宾浩斯所记录的那样,在我们最初编码信息之后,我们可以立刻采取一些措施来影响遗忘曲线的形状,有可能使曲线变平,从而使我们的记忆更加持久。主动学习是优化遗忘曲线的关键方法,即通过某种方式与信息互动,而不是被动地接受信息,见图5-1。

艾宾浩斯遗忘曲线

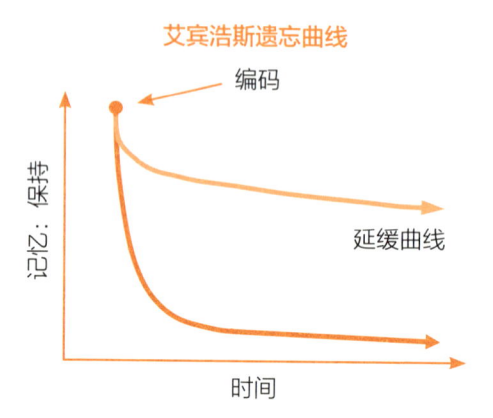

图 5-1 采取措施影响艾宾浩斯遗忘曲线的形状

有几种方法可以"减缓"遗忘曲线使记忆持续更长时间。这些方法包括前一章中提到的记忆编码。本章中描述的策略旨在使这些记忆更加持久。

遗忘并非全是坏事

在我们深入探讨如何改变遗忘曲线之前，我应该说明的是，遗忘并非全是坏事。实际上，遗忘是一件好事。你可能认为那些难以遗忘事情的罕见群体（一种称为超忆症的医学病症）在学校里一定会表现得非常出色。但实际上，他们很难学习新事物。他们似乎能记住每一个琐碎的事实，结果却发现自己被困在过去的世界里。超忆症患者有意识地记忆新信息的能力，比如学校考试所需的信息，甚至可能低于平均水平。

他们的大脑似乎缺乏过滤机制，无法将次要信息淡化只保留最重要的内容。因此，不难理解，他们需要花费更多时间来筛选有用和无用的信息。实际上，我们的大脑就是被设定成会逐渐遗忘不常使用的信息的，这其实是为了解决我们记忆能力有限而采取的一种巧妙策略。

人类之所以能够成为地球上的主导物种，是因为人类拥有发达的大脑和高超的思维能力。尽管地球上其他生物中有些比人类奔跑更快、游泳更出色，比人类更强壮、更高大或者更灵活，但是人类运用大脑进化出了复杂的社会系统，使我们能够在地球上最为多样化的环境中生存，充分利用自然资源并驯化其他动物为我们谋求利益。这种脑力活动对大脑能量需求巨大，然而从进化角度来看，投入资源来激发我们的思维具有显著益处。

节约能量

鉴于大脑对能量的高需求，它在可能的情况下会自发地试图节约能量。身体努力将能量优先用于最有价值的智力或体力活动。换言之，我们的大脑天生倾向于懒惰！我们将在第 7 章关于自我调节中学习到，那些能够有策略性地克服大脑固有"懒惰"特质，并在本应躺在床上休息或与朋友闲逛时仍坚持学习的人，最终可以取得比其智力相当甚至更出色者更为显著的学业成就。

我们"懒惰"的大脑并不总是能意识到何时需要进一步加工信息，以便日后检索。它试图使我们相信，已经做了充分的工作来储存这些信息以备将来之需。正如我们在"动物园一日游"活动中所证明的，大脑很难区分能识别的东西和能回忆起来的东西。因此，大脑很容易欺骗我们，使我们误以为对某一事物的记忆是牢固的，并且不需要进一步的加工。然而当我们试图回忆某些事情却无法做到时，我们会感到非常震惊和失望。

如果我们的大脑天生会忘记我们不用的东西，那么它必须做额外的工作来防止我们想要保留的记忆迅速衰退。大脑往往希望能够快速地储存信息，然后再也不去理会，即"懒惰"的状态，因此它会催促你通过多任务处理来节省编码时间（比如，坐在课堂后排一边听老师讲课一边刷最新社交媒体平台，这种情况是不是很熟悉？）。事实表明，你越努力积极地处理材料，而不是被动地盯着材料看一会儿，你的记忆就会越持久。

建立更多联系

在上一章中我们介绍了几种记忆策略，如编码特定性、分块化和记忆法，这些都是学习者在大脑编码前或编码过程中使用的。当然这些技巧同样适用于初始编码后的阶段。比如，我目前正在学习弹吉他，总是努力想记住琴弦的这几个音符：E A D G B E。但是我的大脑对这些音符进行初次编码后，我发现仍然记不住它们，因此我决定求助网上找到的记忆法："Eat All Day Get Big Easy"（吃一整天，轻松变胖），利用这种方法就轻松记住了。我想如果弹吉他的其他学习过程也能通过类似记忆法来帮助就好了。接下来，我们将介绍大脑能够使编码记忆更持久的其他方法。

记忆大师们常用的主要技巧之一是"记忆宫殿"。除了在对材料初始编码时建立各种联系外，这些顶级记忆者随后还会将他们已经熟悉的事物与新信息建立联系，正是这些新增的联系增强了他们后来回想记忆的能力。所谓"宫殿"指的是个体已经非常熟悉的物理空间（如家或工作场所），这样让他们很容易想象自己在其中行走。在"宫殿"中行走时，他们会在脑海中放置提醒他们想要记住的事物。随后，按照想象中行走的顺序检索这些物品。因此，在信息初始编码后，通过在熟悉的环境中对物体进行视觉化处理，可以显著增强对这些项目的记忆持久性。

如果你使用这种技巧，你会惊讶地发现你记得很多原本很快就会忘记的事情。

深度加工

在图 5-2 这个活动中，参与者被分成两组。一组被要求对单词进行更深入的处理，需要思考单词的意义并想象其所唤起的情感，并决定这些情感是愉快还是不愉快的；另一组只需视觉上识别单词首字母的大小写形式，无须阅读或理解其含义。从这个实验可以看出，更深入处理单词的学习者能够更好地记住这些单词。

> **深度加工活动**
> （持续时间：5~7 分钟，最长不超过 20 分钟）
> 进入"活动/深度加工"界面
>
> 目标：探讨深度加工对记忆和学习的影响。
> 操作指令：为完成此项任务，请准备一张纸和一支笔。观看活动视频后，请按照网站提供的说明完成任务，并报告你的得分。我们将采用不同方法进行小组比较以获取更多学习成果。

图 5-2　深度加工活动

心理学文献称这种现象为"深度加工"。大脑对某事物投入的精力越多或"加工得越深"，参与材料的积极性越高，记忆的持久性也就越强。

这种对学习内容额外处理的方式并不是大脑喜欢做的。然而，策略性学习者已经发现，如果在最初编码后进一步处理信息，那么他们所学到的内容会更加持久。这些人不会被"懒惰"的大脑欺骗，以为通过被动地编码信息就能学得很好。他们认识到，当需要记住某件事情时，必须要采用更深入的加工方式。当然，有很多种方法可以进一步加工所学内容从而增强记忆的持久性。

深度加工是体现主动学习和被动学习之间差异的另一种方式。主动学习指的是一种要求学习者对所获信息进行深入加工，并以多种方式进行思考的教学方法（教学法）。主动学习包括许多可能的活动，比如回答老师提出的一两个问题（最好是自己提出问题），或者参与团队项目，利用所学知识解决问题或进行创新。被动学习有时也称为传统教育，即教师仅依赖口头授课。尽管这是我们从小到大都接触过的教育方法（教学法），但在过去几十年中，已有大量研究证明主动学习记忆更持久。

不要简单地重复阅读

学生们最常用的一种浪费时间的学习技巧是简单地阅读，然后再重新阅读相同的章节。有时学生们在采用这种阅读/重读技巧时还会使用高亮标记，以方便他们记下已经阅读过的章节。他们认为，通过突出显示最重要的文字，就可以把注意力集中在这些文字上，这样在复习时他们就能更快（更有效）地完成对教材的学习。

遗憾的是，许多人未能对关键文本进行深入处理，而是用黄色标记了书中大部分内容，导致整个页面变成了一片刺眼的黄色！5-3所示的页面效果看起来是不是很熟悉？不假思索地阅读材料很容易将所有内容都标记出来。然而，如果没有对内容进行更深入的处理，泛泛地标记只能证明你曾阅读过这些内容，不能表明你理解或能够回忆起它们。

当我们仅仅复习突出显示的文本而不进行深度加工（例如提出更多问题或回答相关问题），实际上并没有显著提高在以后某个时间点能够回忆起这些信息的能力。学生通过重读这些突出标记的文本学习时，看起来非常高效，当你认出这

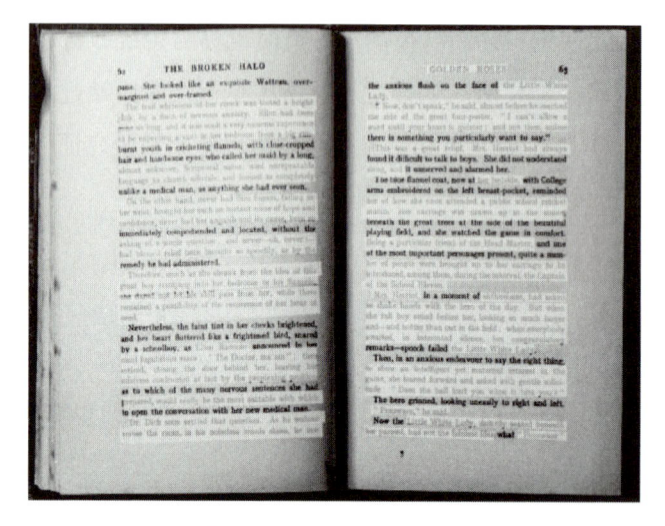

图 5-3 对页面的无效标记

些单词时，一切都感觉很熟悉，会让你误以为自己已经学得很好了。然而，在考试中能够回忆起这些内容却并非易事。

交错学习

对我而言，这一点非常有趣，也是促使我撰写本书的原因之一。我们对学习的认知存在误区，这一点已被科学研究反复证实：我们很难意识到自己的学习什么时候效果良好。

有一个故事讲的是一位成功的棒球教练，他带领球队赢得了许多冠军。你们知道他成功的秘诀是什么吗？他让击球手们用一种他们不喜欢的方式进行训练。在该教练任教之前，棒球击球手的传统训练方法是教练连续投出同一类型的球

（例如快速球）直到击球手成功击中为止。然后教练才会投出其他类型的球（比如曲线球），待击球手成功击中后再逐步引入其他类型的球，如此反复。在这种传统的集中练习中，击球手更容易学会击打棒球，并且会有一种实实在在的成就感，因为他们可以看到自己学会击球的学习过程。

然而，这位成功的教练在训练中采取了与以往完全不同的方法。他没有像过去那样连续投掷一系列相同类型的球，然后再切换到另一种方式，而是混合了不同类型的投球方式让击球手面对更具挑战性的练习。结果呢？击球手们对此感到非常厌恶，怨声载道。他们的击球能力不如以前练习时那么好了。他们怀念过去那种成就感，怀念之前集中练习取得的成功。一开始他们试图将表现不佳归咎于教练。然而，在实际比赛中的情况与训练时并不相同，这些击球手慢慢发现在真实比赛中他们击球比以前表现更好，并且赢得了更多比赛。

这种学习技巧被称为"交错学习"，它不仅适用于棒球和其他运动，也适用于一般的学习。当学习内容容易混淆时（例如下一个投快球还是曲线球？），将它们交错起来反而会使学习更具挑战性，当然学习者必须付出更多努力才能取得成功。然而，无论是在比赛还是考试中，当以后需要回忆学习内容时都会更容易。

总之，相似的主题之间采用交错学习这种技巧，有助于提高学习效果和形成更持久的记忆，例如，正确应用相似的

数学函数或者区分 RNA（核糖核酸）与 DNA（脱氧核糖核酸）等相似概念。❶

> **新加坡国立大学理学院**
> **二年级数学专业学生**
>
> 在学习科学科目时，一个概念可能与之前课堂中提到的另一个概念相似。重要的是，在我们进行自学时，要开始区分这些概念以避免在考试中混淆。例如，在统计学中，我们需要根据随机变量是离散的还是非离散的来运用正确的分布函数公式。我并没有按章节先后顺序在笔记本上写下公式并将它们区分开，而是根据其相似性分组并使用交错学习法在这些组别内进行区分。

理想化的难度

罗伯特·比约克教授（Robert Bjork）创造了"理想化的

---

❶ 实用提示：将交错学习纳入你的学习计划是非常具有挑战性和难以掌握的。首先，交错学习指的是混合那些容易混淆的科目／主题（例如不同类型的棒球投球），而不是两个或更多完全不相关的主题或学科。交错这些主题要求你更努力地思考，以便区分它们之间的差异。例如，必须选择正确的数学公式来解决问题。交错学习也面临"金发女孩"刚刚好原则的问题，即需要恰到好处地掌握材料。你可以想象，如果有人之前从未打过棒球，而教练却投掷各种不同的投球让他击打，那么这种练习肯定很困难，你可能会因此感到沮丧而学不到任何东西。当你使用交错学习时，重要的是要恰到好处，既不多也不少，正如"金发女孩"所说的"刚刚好"。

难度"一词来解释这种关于学习的一般概念。他认为教师的任务是在教学内容上设置足够具有挑战性但不至于让学生感到不堪重负的难度。交错学习法就是这样一个例子，如果学习者对材料的处理恰到好处，并能够以更深层次的方式进行加工，那么他们就能学到更多知识。

另一个与此原则相关的有趣例子是"学习风格"概念——通过个性化教学来改善教育，以适应个体学习差异。学习风格是我们似乎最容易吸收信息并编码成记忆的方式。有很多不同的学习风格类型，其中最著名的一个取决于我们认为自己最擅长使用哪种感官方式进行学习，这个类型将学习者分为以下几组：视觉型（通过图表、图片、符号学习）；听觉型（通过讲座、讨论学习）；实操型（通过实验、实践、触摸学习）。

近几十年来，关于针对个人偏好进行教学的研究屡见不鲜。尽管这种做法似乎很有道理，但目前还没有证据表明采用学生偏好的教学方式是有效的❶。同样地，我们本能地认为学习内容越简单就越有效，但现有证据显示，当学习难度恰到好处时，学习效果最佳。

---

❶ 尽管人们普遍认为教学应采用学生喜欢的学习方式，并且世界各地的学校也对研究这一理念进行了大量资金投入，然而，许多研究以及文献综述未能证明个性化学习风格对学习效果有所改进。即便如此，这个概念仍然备受教育工作者和学生青睐，因为它看起来是正确的。比如，说我"感觉"自己更适合视觉学习而不是听觉学习，因为我听完讲座记不住什么，但阅读书籍后更容易记住。因此，按照我最舒服的感官模式学习，本应该有更好的表现。然而，研究只能表明：基于个人偏好的学习风格对学习效果的积极影响非常有限。因此，任何旨在改善学习效果的努力最好投入到其他具有更大影响的实践上去。

我们对最佳学习方式一无所知

有趣的是，当学习以"理想化的难度"这种方式进行优化时，学习者通常意识不到学习收获。事实上，像那些棒球击球手一样，许多人的感觉正好相反——认为他们的教育方式受到了妨碍。在一项实验中，参与者学习如何通过交替练习和集中练习来识别不同的艺术家。正如你现在所预料的那样，85% 的参与者在使用交错学习如何识别他们以前从未见过的画作的作者时，表现得与那些使用集中练习的参与者一样好或更好。然而，当研究人员询问哪种学习方法更为有效时，83% 的参与者都坚信他们采用集中练习学习效果更佳。

研究显示，其他教学策略也报告了类似的发现。最近，哈佛大学本科生参与了两种不同的实验教学设计：一种注重主动学习，另一种采用更传统的被动讲授方式。尽管学生们在主动学习课堂上表现更好（正如科学文献所预测的那样），但他们仍然坚信自己在被动课堂环境中获得了更多知识。尽管过去几十年来有多项研究报告指出，学生难以正确判断何种学习方式最为有效，但每当新的研究得出这一结论时，我们似乎总会感到惊讶。正如我之前所说，消除这一误区并不容易。

布鲁姆分类法

创造（Create）：重新组合不同的事实或思想元素，形成新的想法或概念。

评估（Evaluation）：根据有效性、结果和证据等标准对观点进行评判。

分析（Analysis）：将信息分解为基本要素，有时也称为"第一原理思维"。

应用（Apply）：运用事实解决新问题，并与其他事实联系起来。

理解（Understand）：定义、组织和描述事实，并向他人传授知识。

记忆（Remember）：记住事实，但未必理解其含义。

如图5-4所示。

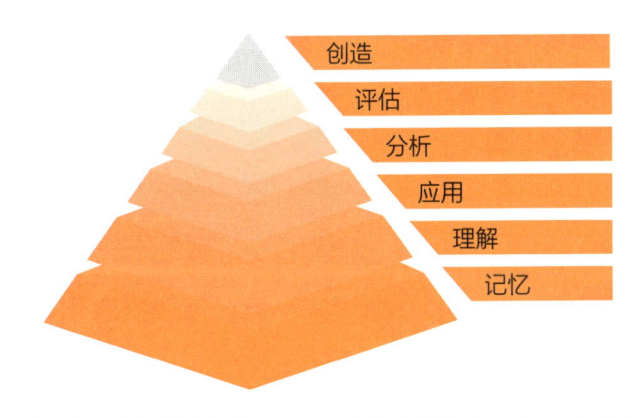

图5-4 基于克拉斯沃尔（Krathwohl）和安德森（Anderson）修订版的布鲁姆分类法

知识被视为认知领域的基石，随着向金字塔顶端迈进，你需要掌握更深层次的技能。学术界对于这些层次是否真正代表离散的分层级别存在争议。（我认为，最低层次不如较高层次重要的说法有些言过其实）。然而，教育工作者们仍广泛引用布鲁姆分类法，因为它很好地描述了不同类型的思维方式。

有时候，我会听到学生说："请告诉我需要学习的内容，我会背下来应对考试！"他们分不清记忆和学习的区别，并相信老师要求他们背诵的内容是一种实用的学习捷径。他们没有意识到这种方法并不能带来更深入、更持久的学习。他们可能能够成功地记住一些内容以应对即将到来的考试。然而，如果不能深入地理解材料，不以某种方式积极地处理信息，这些信息的记忆会很快消失。

布鲁姆分类法中的所有高层级别代表了可以深化学习层次的过程，"记忆"这一级别是传统教育的重点，并且包含了在学校教授的大部分内容。当学习融入其他高层级别的过程中时，记忆就变成了学习。因此利用布鲁姆分类法的这些不同层级获取到的信息不容易遗忘，而且会提高你的思维和学习能力。

新加坡国立大学文学和社会科学学院心理学专业大四学生

想到布鲁姆的教育分类法，我意识到自己通常只停留在最低一层（记忆）上。我应该通过建立所学内容之间的联系来促进理解。在记住并理解了内容之后，我还会扮演老师的角色，在家里大声"讲课"，仿佛正在进行一场演讲。这种自我教学确实有助于提高对内容的理解和记忆能力，给予了我很大启发。

知识储备越丰富，学习潜力也就越大

最优秀的学生已经认识到，通过努力学习以实现更深层次的理解是一种明智的策略，尽管人们自然而然地倾向于相信相反的观点，即最佳的学习应该是尽可能轻松的。我认为，如果那些需要学习更多知识的人能够轻松赶上其他人的知识水平，那将会更加"公平"。然而，事实并非如此！关键在于，你越努力深入学习，后续的学习对你来说就越容易。优秀的学生通过天赋和勤奋获得学业上的优势，但随着学习的深入，他们会意识到："知识储备越丰富，学习潜力也就越大。"随着学习的不断深入，他们也会变得越来越优秀。

与已有知识建立更深层次的联系，可以让你在日后更轻松地检索新增知识。聪明的学生天生就有优势，他们拥有更多的先前知识，可以将新信息与之联系起来。因此，班级中最聪明的孩子在取得最好成绩方面具有优势。

正如我们先前讨论过的，主动学习是一项艰苦的工作。在可能的情况下，我们往往会本能地节省精力，以备将其用于其他任务。除非你已经是班上最聪明的学生，否则要想在学业上超越他人需要付出相当大的努力。你需要全身心投入到学习材料中，不能满足于只读了一两次就认为自己已经掌握并能回忆起来。你应该提前为每堂课做好准备，而不仅是在课后。这样，你可以从老师那里获取更多的知识。

在下一章中，我们将完成对各种学习策略的介绍。我们一直把最好的留到最后：重置遗忘曲线的策略。这是你可以用来更好地记忆（和学习）的最有效的技巧。

总结：第五章

为了优化学习效果，学习内容既不能太简单也不能太复杂，而应该恰到好处。投入更多精力处理信息（提出问题、利用信息解决问题、与相似信息结合 / 交错学习），可以使信息在记忆中保持更久。这就是深度加工，这种策略可以提高记忆力，但常被学习者忽视。

第六章
元认知循环——重置遗忘曲线

> **⚠ 误区** ｜突击学习对我很有效，所以我打算先玩一下，到考前再突击。
>
> **☑ 真相** ｜突击复习确实有一定效果，但是仍然有一些局限性。

艾宾浩斯遗忘曲线研究的一个重要发现是：只要后期再次复习之前存储的相同信息，记忆就可以被"重置"到更高的水平。因此，及时提醒可以在记忆消退后有效地增强记忆。本章讨论的学习策略应该成为每个人学习计划的重要组成部分。

所谓的"分散学习"，是指在不同时间段内通过多次、分散的学习任务进行学习，而不是"集中学习"，即一次性学习所有内容。学生最常用的集中学习方法是在考试前"突击复习"。

通过间隔学习带来的记忆提升，正是利用了大脑区分有价值记忆与无价值记忆的方法：大脑更容易记住那些反复出现的记忆。而且，显然那些反复出现的信息正是你希望大脑记得更牢固的内容。

突击学习有效果（某种程度上）

学生们可能会被误导，认为不需要间隔学习，因为他们以往采取突击学习都很有效！突击学习对某些学生如此有吸引力的原因是，他们前期可以一直放松，直到最后一刻才熬夜准备即将到来的考试，并在第二天考试中仍然表现不错。他们最后的突击学习确实提供了记忆编码，这可能让他们能顺利通过次日的考试，但很快就会忘记一切，见图6-1。

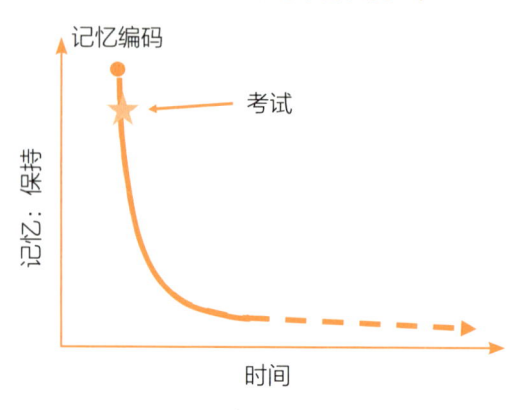

图 6-1 突击学习有效

如果考试在你忘记所学内容之前进行，那么突击学习的效果就会显现。

我理解，当学生们告诉我，他们宁愿享受乐趣，一直拖延学习计划，只有到考试前才会认真对待。那为什么要如此努力地约束自己并制订周密的计划将学习分散到整个课程中呢？相反，为何不选择通宵背诵考试内容，希望第二天早上考试能涵盖你前一晚所学的内容，然后"倾倒"你能记住的所有内容？当然有些人通过这种方法已经取得了很好的成绩。

如果突击学习有效，那么为什么我不推荐给每个人呢？学习者没有意识到的是，当他们试图在最后一刻塞满所有知识时，虽然可能在考试中能立刻记住这些内容，但考试后会更快地遗忘这些材料。由于考试通常只包括最近课堂上学过的内容，所以他们难以察觉到自己遗忘的速度有多快。除非下一次考试再次涵盖他们刚刚记住的内容，否则他们不会意识到自己忘记了什么以及忘记了多少，见图 6-2。

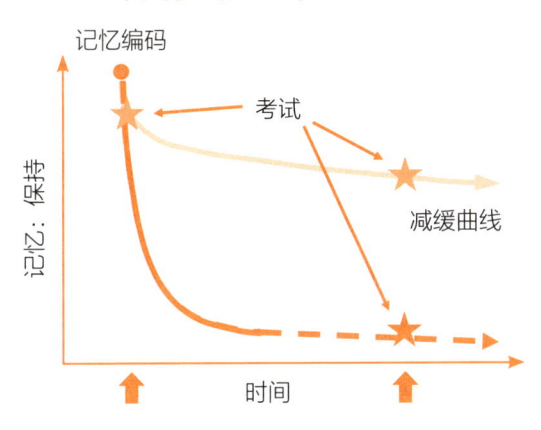

图 6-2　突击学习对成绩的影响

在突击复习之后，如果立刻考试，你可能会表现得不错（深色线）。但是，如果你过一段时间再考试，与减缓或重置曲线的策略相比，你能记住的内容会有所不同（浅色线）。

对于那些你不关心且确信自己再也不会用到的信息，你可能会认为可以通过突击复习来应付考试和课程，然后忘记所学内容，继续生活。遗憾的是，大多数人都无法准确预测未来需要哪些信息。我的建议是，特别是对于那些你希望长期记住的信息，最好分散复习时间。将学习分散在不同时间段并不会增加整体学习负担，只需有计划和自律。接下来将探讨如何通过分散学习延长信息记忆。

并非所有内容都需要重新学习

重置遗忘曲线的一个有效策略是决定哪些信息是重要的，哪些是不重要的。

意大利经济学家维尔弗雷多·帕累托（Vilfredo Pareto）注意到在许多情况下，80%的结果可以归因于20%的可能条件。他最初观察到，他所在国家的20%人口拥有大约80%的土地，这一观察被命名为帕累托原理（Pareto Principle），并使他发现相关联的其他例子。

质量控制/优化领域采用了帕累托原理。人们注意到，大多数质量问题都是由少数关键的核心问题引起的。他们意识到，识别并优先解决这些关键问题是提高质量的最有效方式。尽管帕累托原则有时被称为"80/20"法则，但并不总是严格遵循这个比例。因此从帕累托原则在学习中应用得出的重要启示是，并非所有教授的内容都同等重要。如果你能确定哪些领域需要重点关注，哪些领域可以少花点时间，你的学习效率就会更高。

优秀的学习者会不断评估他们正在学习的材料，以确定其重要性。正如我提到的，当大脑反复遇到相同的信息时，会自动将其标记为更重要的内容。课堂上老师提到的内容，如果在阅读中再次出现，就会在大脑记忆中得到强化。

教师通常会根据课程内容设计考试，以覆盖最关键的知识点。战略性学习者会想办法像老师那样思考，并确定最关键的内容集中时间进行学习。然而，大多数教师会对学生通过直接问"这会出现在考试中吗？"来确定学习内容而感到恼火，所以不要这样做。

相反，战略性学习者会注意老师在课堂上讨论的例子，并翻阅指定的教材，查看哪些主题占据了大部分篇幅。书的作者通过包含表格和图示来强调特定主题，因此这些也是值得复习的重要内容。一篇好的文章或书籍章节都会以某种方式向读者传达最重要的信息。

优秀的学习者会有意识地整理和优先考虑他们应该深入学习的信息。当学生上课听讲时，他们会寻找细微的线索来确定重要内容。例如，当老师说"注意，这些信息会出现在考试中"时，这是一个明显的提示，但其他线索可能就不那么明显，比如在课堂上花费大量时间讨论的某个话题。这也可以表明这是需要集中学习的重点。

最后（这恐怕让新加坡很多害羞的学生感到恐惧）我建议你在老师办公时间去见老师，并亲自向他们提问。在这种情况下，你的老师更有可能告诉你应该把学习时间花在哪些领域。如果老师与你一对一交流，他们更有可能告诉你问的问题并不那么重要。虽然这并不符合新加坡的学习文化，但我认为这对学生来说是不容错失的一个巨大机会。我告诉我的学生，如果你毕业时还没有几位熟悉的教授，那你就是没有充分利用教育资源。❶

采用分散学习法

通过艾宾浩斯曲线，我们可以深刻理解记忆重置技术的高效性，见图 6-3。对已经淡忘的材料进行分散复习，不仅可以重置遗忘曲线并使其更容易回忆，还能使曲线变得更加平缓，使记忆更加持久，产生双重效果。

分散学习的最佳时机是什么？即使你能在每次考试前的几小时内反复学习所学内容，这也是浪费时间。过度准备还不如将这些时间用在其他事情上更有成效。或者，正如我们所讨论的，如果时间安排过于分散，以至于直到考试前才开始准备（突击复习），那么就无法充分利用分散学习的优势。所以说最佳的时间间隔或者说"黄金点"是在材料已经淡化但记忆还未完全消失的时候去复习。实际上，这种学习上的精细调整是非常复杂的。

---

❶ 在与学生见面时，我们通常会从课堂上引发的问题开始讨论。初步讨论之后，话题就广泛多了，我总是非常享受这种交流。我知道我的大多数同事也很高兴学生前来交流。

艾宾浩斯遗忘曲线

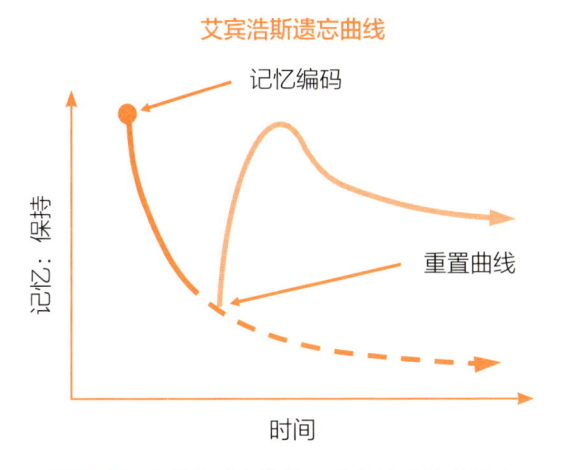

图 6-3　重置学习曲线是一种高效的学习策略

在过去几十年中科学家们一直在努力寻求优化解决这个时间问题的方案。计算机技术为个性化分散学习提供了一些解决方案。现在计算机程序可以利用诸如信息初始学习难度以及从记忆中消失的速度等因素来确定何时应该再次学习该项内容。许多计算机闪卡程序和语言学习应用等都使用这些类型的算法，通过个性化时间间隔来优化学习，以适应你的学习和遗忘情况。

对于那些没有或选择不使用计算机间隔程序来指导学习的人来说，自己估算一个间隔表也能取得不错的效果。因为没有适用于所有人和所有科目的完美间隔时间表，所以你需要根据自己的情况和经验进行调整。与其精确计算间隔时间，不如将间隔学习的时间安排好。对于普通本科课程，我的实用性建议是，在课后的第二天简单复习所学内容，然后确定

元认知循环：战略学习之旅

从初次学习材料到你想要最大限度地回忆起该材料所需的时间（通常为几个月后的期末考试日期），将该时间段分成两半或三份，最后一次复习安排在考试前一天。如果想记住更长的时间，你可以在期末考试后的6个月至1年内设置提醒，复习相关材料（见图6-4）。

举例：分散学习

学期开始 复习先修课程以及课堂阅读材料 — 课程刚刚结束 复习笔记 — 课堂中 积极参与 — 课程和考试中间 复习材料 — 考试前一天 再次复习 — 学期结束 期末考试

图6-4 分散学习获得更高的学习效率

新加坡国立大学工程与建筑学院三年级学生

> 过去，我总想集中起来完成学习或复习的全部内容。但是，现在我会在作业或复习之间留出休息时间，因为实践证明分散学习对我很有用。我现在也有了亲身体会：把教程中困难的部分留到下次完成，当我再次看到它时，我反而找到了解决这些问题的新思路。

分散学习期间需要进行的学习活动

正如我们之前所了解的，为了防止记忆迅速衰退，大脑必须进行额外的认知加工。仅仅通过被动地重新阅读或重复聆听讲座录音来复习以前学过的材料，并不能实现最佳的学习和记忆效果，反而可能会很快再次遗忘这些信息，因此，这样做不能有效地利用你的时间。

在信息逐渐从记忆中消失之后，需要进行一些活动来重新巩固这些信息，这些活动与前两章的内容相似。

如何以最佳方式重置记忆，我的建议是采用与记忆编码和巩固记忆相同的技巧。加深记忆的活动包括：

- 运用所学知识解决问题（或完成作业）；
- 建立已掌握知识与正在学习内容之间的联系；
- 以自己的话或思维导图对材料进行总结；
- 评估并确定内容不同方面的重要性。

检索练习

除了上述活动之外，分散学习期间你可以采用的最有效策略或许是"检索练习"。你可以通过反复回答练习中的问题来有效地检索大脑中的信息，如果这些问题与考试中的问题相似，那对你帮助就太大了。你应该努力练习在没有任何提示或线索的情况下得出正确答案。

在之前的"动物园一日游"活动中，我们已经证明了这种做法的必要性：因为我们并不擅长区分辨识和回忆。我们的大脑为了节省能量，会让我们误以为能够记住所有识别出的事实。实际上，唯一知道自己能回忆起哪些内容的方法就是尝试去检索它们。这种学习活动的额外好处是，当你检索练习时，也在"重置"你的记忆，使你以后更容易回忆起这些信息。这种方法非常有效。

从实用的角度来看，找到帮助你进行检索练习的习题并不难。教材通常在每章末尾都附有练习题。此外，还有专门提供练习题及答案的书籍。通过网络搜索也可以找到提供练习和答案的信誉良好的网站。然而，这些练习题的质量参差不齐，有些教师也会提供旧试卷供学生练习。

最深层次的学习来自自己设置问题并解答它们。在新加坡国立大学的课堂上，学生们很少在课上提问。他们没有意识到，提问是巩固知识的最佳途径。花费心思想出一个问题，然后在提问之前判断它是否是一个好问题，这会迫使大脑进行深入思考。因此提问是更好地理解和记忆材料的有效方法。如果我能改变亚洲教育体系中的一件事，我会鼓励学生们在课堂上更深入、更有创意地提问。

考虑到新加坡和其他亚洲地区的学生文化，我建议采取"逐步推进"的方法。先在心里练习提问，然后在做笔记时将问题写下来，即使没有大声问出来也对你有帮助。更好的做法是利用学习小组自由交流问题，练习从记忆中检索答案并讨论。这样，你就能够比你自己提问时练习更多的问题。如果在学习小组中讨论答案后仍然存在疑问，那么你可以自信地在课堂上或老师办公时间向老师请教。

有目的的练习

当然"仅仅练习"是远远不够的。这种练习需要的是"有目的的练习"。练习应该有目的性，心中要有目标，而不仅仅只是机械地重复。❶ 如果你用表述不清或答案错误的问题进行练习，无论你多么努力，都会表现不佳。如果你在自己回答问题之前已经查看了答案，就会降低检索练习带来的效果。

我们倾向于练习自己擅长的事情，这会让我们有一种成就感。然而矛盾的是，我们甚至可能会在自己擅长的科目上花费更多的时间，而避开那些对我们来说更具挑战性的科目，就像喜欢进行集中练习而非难度更大的交错式练习来提高棒球击打能力的球员一样。这满足了我们对成就感和掌控感的需求。然而，当我们专注于那些我们觉得重要但又不太了解

---

❶ 在某个领域获得专业技能并非只是投入时间的问题，还需要进行有效和有目的的练习。获得及时且有益的反馈是目的练习的关键要素。有一种流行的观点认为，专业技能是在1万个小时以上的训练之后才形成的。虽然认为需要一定数量的时长来达到专业水平是对这一领域的研究过于简化的看法，但它确实强调了通过努力工作和专业的教学／指导，人们可以在知识和技能方面取得巨大进步。

的事物时，检索练习是最有效的。

元认知循环：计划

恭喜你！现在你已经掌握了如何设定适当的目标，以及如何使用不同策略实现学习目标。一些学习策略可以帮助你为学习做好准备，使大脑在初次接触信息时更有效地编码；而分块学习等方法则为初次学习提供了有效途径，有利于日后的信息检索。此外，在初次记忆消退后，进行检索练习等操作也是可行的。还有重置记忆策略对学习也尤为有效，强烈推荐采用。

遗憾的是，许多因素可能会干扰学习策略的有效性。因此，在我们完成对元认知学习循环（实施和评估）其余部分的讨论之前，我们将转向构建学习策略所依赖的坚实基础。让我们首先从如何让自己准备好学习开始，自我调节。

总结：第六章

通过分散学习来重置遗忘曲线是一种高效的学习策略。在进行分散（间隔）学习时，建议优先考虑需要重新学习的信息，并采用更深入的学习方法（如检索练习而非简单重复阅读）。

正确的目标设定和不同学习策略的选择构成了"计划"，即元认知循环的第一步。

第七章
基础——自我调节

> **! 误区** ｜ 个人天生智力决定了其在人生中的成功。
>
> **✓ 事实** ｜ 智力只是其中一个因素，还有其他同样或更为重要的因素。

确实，有些人在学习方面不需要像其他人那样努力，因为他们天生就很"聪明"，能够发现别人忽略的东西，并且能迅速吸收新思想和概念。他们能够将先前所学知识融会贯通，并回答与材料相关的问题。他们能够厘清与所学知识不一致的地方，纠正一开始误解的知识。例如，在语言方面，我姐姐就非常出色。她写作用词优美，似乎很容易就能找到恰当的词来切入主题，不仅轻轻松松就能学会外语，而且口音恰到好处，遗憾的是，我们大多数人（包括我）都不具备这样的天赋。

在我的同学中很容易找到比我更聪明的人。不过我自认为也算是聪明的了，拥有良好的分析能力和出色的视觉记忆。即便如此，我也做不到进了课堂上完生物课就能理解所有内容。有时课程中的内容会让我感到不知所措。我不知道该如何区分哪些是重要的，哪些是无关紧要的。如果我对学到的东西不能立刻理解，我就会很困惑，只能强迫自己去听课，但大多数情况下，即使我站起来准备离开教室，也想不起课堂上讲了些什么。

自我调节与自我约束

正如我之前所说，我在学校之所以取得成功主要是因为我坚持不懈的毅力。即使刚开始课上遇到一些挫折，还是能坚持下来并在课后继续学习。我婉拒了朋友们的外出邀请，因为我对自己的目标十分认真。我想进入医学院学习，这是我极度渴望实现的理想目标。因此，我明白仅仅通过课程上学习还不够，还要在课上表现得更好。我相信只要足够努力，就能实现自己的理想。此外我愿意将学业放在首位，并且会非常自律地去执行我的计划。

全面学习框架中最为关键的部分在于学习的两大基础支柱：自我调节、健康与幸福。在这两者之中，自我调节对我来说是学习中最为重要的方面。自我调节能够促使你实现长期目标，即使短期内"我太累了，不想起床"的感觉会让你打消穿衣出门的念头。自我调节需要确立个人目标，拥有为这些目标努力的动机，并展现出实现目标的自律性，如图 7-1 所示。

自律并非某些人特有或缺乏的神奇力量。当你的个人动机与体现价值观的目标相一致时，自律就会变得更容易。如果学习目标和动机不一致，就需要超人的自律才能迫使自己学习。

第七章 基础——自我调节

全面学习框架

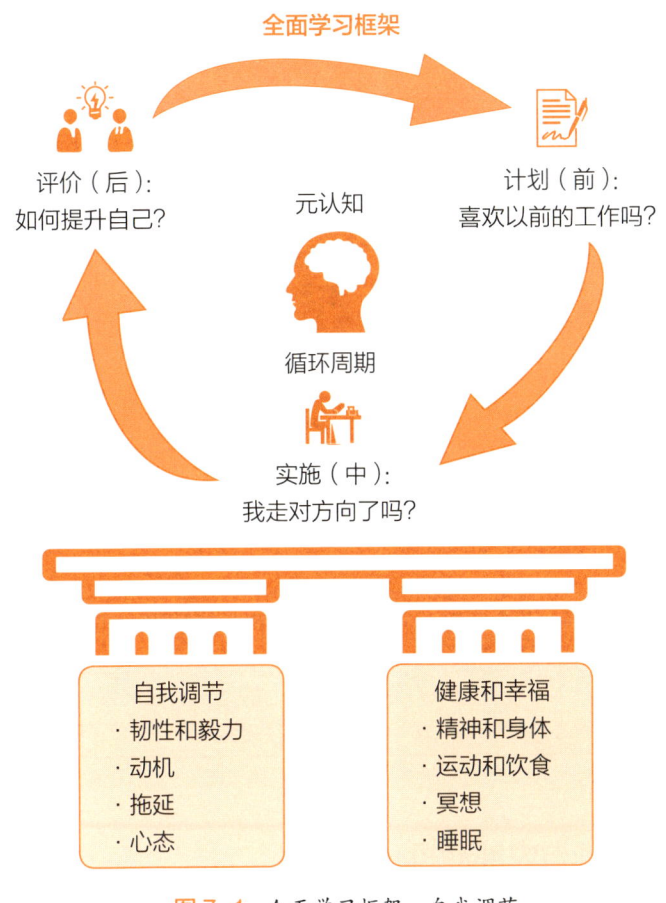

评价（后）：
如何提升自己？

元认知

循环周期

计划（前）：
喜欢以前的工作吗？

实施（中）：
我走对方向了吗？

自我调节
· 韧性和毅力
· 动机
· 拖延
· 心态

健康和幸福
· 精神和身体
· 运动和饮食
· 冥想
· 睡眠

图7-1 全面学习框架：自我调节
若缺乏自律那么任何学习策略对你来说都是无用的。

每个人，无论多么聪明，在学习上都会遇到挫折。这些挫折（比如考试或论文成绩不佳）可能导致自我怀疑无法完成学业，或者寻找借口，比如归咎于老师能力不足，而不是激励自己继续努力。如果目标设定不当，你最终可能会选择

115

一门你不喜欢的课，或者你会不明白为什么要学这门课。在这种情况下，你就不太愿意去学习，在课堂上的表现也会比较糟糕，从而进一步打击你的积极性。可以看出目标与动机的错位迅速使得学习陷入"恶性循环"。

设定正确的目标是制定成功学习策略的关键第一步，接下来要了解并培养个人动力，然后，你的自律自然会随之而来，见表7-1。

表7-1 动机活动（第一部分，约5分钟或更长）

对于你来说，学习的三个最重要的动机是什么？	
A） B） C）	
目标	探究学习动机。
指令	思考并记录对你最有说服力的动机，它们是内在的还是外在的？

外部动机与内部动机

新加坡国立大学的本科生都希望在学业上取得优异成绩，这点与我在大学学习时的想法类似。然而，这些学生中有很多又和我完全不同，当问他们想要学习更好的主要原因时，他们通常回答都是为了取得更好的成绩。他们认为，取得更好的成绩，就能进入更好的学校，进而获得更好的职业，最终赚更多的钱，过上更幸福的生活。当询问这些学生选择修读某门课程的理由时，他们通常会说"因为我需要满足专业要求"，或者"我的父母让我必须修"，或者"只是需要这些学分顺利毕业"。

这些说法缺乏对学习本身价值的考量。他们很少表达对该学科的好奇心，或者为何要深入学习。相反，他们通过外在的奖励来激励自己学习，如赚更多钱、找到更好的工作或满足父母期望。内在动机却很少提及，那些来自内心的渴望，比如学习带来的愉悦感或满足感。

每个人都拥有不同程度的内在和外在动机，有时候内在外在动机是同时存在的。❶这两种类型的动机对于我们取得成功都至关重要。但是我发现激励我们的外部原因不如内在原因那样持久。外部动机就好比小时候看电视上想要某个玩具作为圣诞礼物，但一旦拥有了它就很快失去了兴趣，发现它并没有预期中那么有趣。当学习变得困难或者遇到挫折时，外部动机在鼓励你继续努力方面就显得不够有说服力了，如图7-2所示。

相反，内在动机就如同你一直喜欢的礼物或者下一个圣诞节依然会穿的毛衣一样。我们无法控制外部因素，他人可以决定我们能够赚多少钱，或者情况可能发生变化，因此这些外部激励对我们来说可能变得不那么重要了。相反，当你出于内在

---

❶ 内在动机与外在动机的图表被绘制成一个重叠的维恩图（Venn Diagram），因为有些动机既包括内在因素，也包括外在因素。例如，提升个人声誉可能对你具有重要意义（内在动机），同时也代表着你期望他人认可你的价值观（外在动机）。

动机类型：
我们为何做我们所做的事情？

外部因素
- 分数
- 金钱
- 胜利
- 赞扬
- 福利
- 恐惧

良好声誉
回馈社会
自我认同

内部因素
- 自主
- 好奇
- 精通
- 意义
- 兴趣
- 享受

图7-2 动机类型

有些动机既包含内部因素，也包含外部因素。

动机去做某事时，在遇到困难时更容易坚持追求这些目标。

新加坡国立大学商学院大三学生

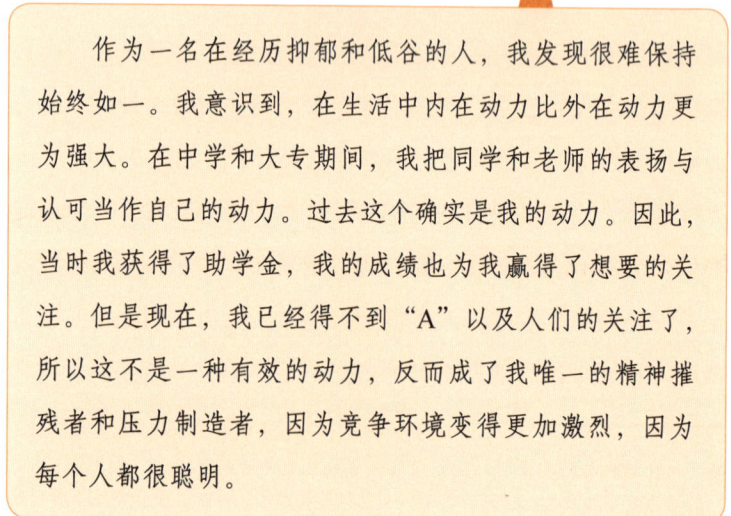

作为一名在经历抑郁和低谷的人，我发现很难保持始终如一。我意识到，在生活中内在动力比外在动力更为强大。在中学和大专期间，我把同学和老师的表扬与认可当作自己的动力。过去这个确实是我的动力。因此，当时我获得了助学金，我的成绩也为我赢得了想要的关注。但是现在，我已经得不到"A"以及人们的关注了，所以这不是一种有效的动力，反而成了我唯一的精神摧残者和压力制造者，因为竞争环境变得更加激烈，因为每个人都很聪明。

如果你学习的主要动力来自外在因素，那么当你不再上学，没有成绩来推动你的时候，你会怎么做呢？如果没有足够的内在学习动机，你的学习可能会停滞不前。越来越多的证据表明，随着年龄的增长，如果你停止挑战大脑的学习能力，你就会失去更快地深入思考的能力。因此，不断学习的内驱力将使你终身受益。从内心深处寻找学习的真正动力，永远不会太晚。

因此，最优秀的学习者是那些更多地受到内在动机而非外在动机驱使的人。有时，我们的外部动机会促使我们开始学习（比如"我必须得选这门课来满足专业需求"）。然而，优秀的学习者随后会找出他们正在学习的内容与内在动机之间的联系。但他们也只是在猜测对你来说最重要的目标。只有你自己知道什么是你的优先目标，以及对你来说什么是外在和内在的动机。

就我个人而言，学习的内在驱动力之一是我天生的好奇心。我对各种话题都充满兴趣，尤其是对了解人。选择医学作为研究领域部分原因在于满足了我对身体机能和意识思维方式的好奇心，这份好奇心使得我一直保持着对学习的热情，至今依然如此。

我们每个人天生都有好奇心。小时候我们对探索世界充满了兴趣。然而，随着年龄的增长，许多人却逐渐失去了这种好奇心。我真希望能确切地了解，为什么有些人总是保持好奇心，而有些人却失去了这种品质。其原因之一可能是，我们没有花足够的时间来练习如何维持好奇心。

元认知循环：战略学习之旅

随着学业的进展，老师教会了我们越来越多的学习内容和学习方法。我们的大脑会自然而然地节省能量，而不是消耗能量去思考或工作。因此，我们倾向于让别人告诉我们应该学什么。当从学校毕业后，就不知道如何思考下一步的学习目标，慢慢地我们就失去了好奇心。

你是如何发现学习中的内在动力的？对于学生来说，我建议你们完成以下练习来挖掘自己的内在动力（见表 7-2）。最好是与那些在工作中使用你所学内容的人交流。❶ 明确自己能从课程中获得什么，有助于激励自己更好地学习这些科目。这项工作的责任在于你自己。❷

表 7-2　动机活动（第二部分，约 10 分钟或更长）

目标	深入理解并建立与内在动机的联系。
指令	写下一至两段文字，思考你正在（或将要）选修的课程将如何改变你的生活。尤其要关注那些你认为具有挑战性的课程。课程中教授的信息对你有什么价值和意义？你对课堂上所学的哪些方面感到好奇？你学习这门课程的内在动力是什么？

---

❶ 大学里我学的最难的一门课是物理化学。除了因为这是我的专业要求外，我都没太明白为什么要学这门课。在完成这一章后，我在网上搜索了"物理化学"，发现了一些有趣的资源，这些资源解释了物理化学领域及其重要性。真希望我在上学的时候能看到这些东西。

❷ 要想更全面地了解动机，我推荐丹尼尔·平克（Daniel Pink）的书：《驱动力，关于激励我们的惊人真相》（*Drive, The Surprising Truth About What Motivates Us*）。在这本引人入胜、趣味十足的书中，平克描述了不同的动机驱动因素：自主性、精通性和目的性。

当你更多地思考是什么在激励你的时候，单独审视是什么让你失去动力也是很有帮助的，这并不总是与激励你的因素相反或缺乏激励因素。常见的产生挫败感的原因包括我们在"目标设定"中已经讨论过的原因：设定了错误的目标以及在相互冲突的目标之间没有进行优先排序。大多数人发现害怕无法实现目标是他们经常感到沮丧的原因。其他原因还包括精疲力竭、无法掌控完成任务的方式和时间（缺乏自主性）、缺乏挑战、对生活中失去的东西感到悲伤和孤独。见表 7-3。

表 7-3 学习活动的消极动机（第一部分，约 5 分钟或更长）

你的两个最重要的阻碍学习动力的因素是什么？ A） B）	
目标	深入了解阻碍学习动力的因素。
指令	思考并写下你最大的阻碍学习动力的因素。

当我们试图克服挫败感时，往往会更加自律，更加努力工作。然而，这种做法并没有解决导致挫败感的根本问题。深入了解挫败感的一种方法是运用"5 个为什么？"技巧（见表 7-4），即每次完成一个问题的回答，再提出一个"为什么"的追问。

"5 个为什么？"分析示例：我对这门课程缺乏学习动力，因为我不太喜欢这个科目。

1. 你为什么不太喜欢它?

a. 我不太喜欢是因为我学不好。

2. 你为什么学不好?

a. 我学不好是因为我没有投入足够的时间。

3. 你为什么不花时间学它?

a. 我没有投入足够的时间学习是因为我无法集中注意力。

4. 你为什么不能集中注意力?

a. 我无法集中注意力,因为想到不能和朋友一起出去玩,无法倾诉问题就会感到不开心。

表 7-4 学习活动的消极动机（第二部分,约 10 分钟或更长）

1) 　a) 2) 　a) 3) 　a) 4) 　a) 5) 　a)	
目标	你是否对当前学习的课程缺乏动力?这项活动可以帮助你更深入地了解自己缺乏动力的原因。
指令	回顾你之前确定的一个丧失学习动力的情形。通过连续问自己"5个为什么"的问题来深入了解你的挫败感。你花在反思上的时间越多,从这项活动中获得的收获就越多。

5. 为什么不能和朋友见面出去玩？

a. 我把学习看得比和朋友出去玩更重要，因为我在课堂上表现不好。但也许我在计划内的时间里休息下，抽出一些时间和朋友见个面，这样学习效率会更高。

我们常常认为学习没有动力仅仅是缺乏自律，而没有充分考虑真实感受。只有了解缺乏动力的根本原因，才是有效应对该问题的最佳途径。

自律是学习的一个重要因素，就像肌肉一样需要锻炼。使用越多，它就会越强壮。如果你发现自己犯了错误，就失去了自律性，没必要过分自责，我们都有缺乏自律的时候。我们通常对自己的错误都会严厉地批评，这会让我们感到更沮丧。我的建议是：原谅自己（嘲笑自己的错误是正常的人性化行为），调整并再次尝试。但是这次可以做一些相对简单的事情，或者采取不同的方法。一旦调整好目标，之后就可以更加努力去做。

生活并非总是允许你想学什么就学、想做什么就做。有时候，当你找不到强大的内在或外在动力时，就需要自律来帮助你实现目标。有时你会发现为了实现更高的目标，你不得不修这门课，就像吞下一剂苦药。但是上完课程后，你可能会发现你喜欢上了这门课。如果你发现需要克服很多困难才能达到目标，也许你需要重新调整目标，而不是强迫自己寻找正确的动机或提高自律性。

> **新加坡国立大学社会科学学院大三学生**
>
> "5个为什么？"对我产生了很大吸引力。它促使我更深入地思考，找出导致我失去动力的根本原因，这对我来说很有启发性，因为我经常需要应对这些问题。让我失去动力的因素包括缺乏明显进步、方向不清晰以及对所做的事情感到厌倦。于是，我决定在完成任务时记录下所学和正在学习的内容。如此一来，便能够记录我的进步，告诉别人我在完成任务时应该学到哪些内容，从而更好地把握前进方向。

拖延行为

我一直迟迟未谈（拖延症！）自律中最重要的问题。每个人时不时都会拖延，我们可能因懒惰、疲惫、时间不够或其他任务而拖延。但是，如果我们总是找不到时间实现优先考虑的目标，那我们在某种程度上就是在自欺欺人。

尽管我们可以用各种借口来解释这些问题，但在我们拖延行为背后存在着两个核心问题需要考虑。首先，正如前文所述，这可能与目标设定不清有关。当我们选择花时间与家人共度、购物、锻炼、打扫房间或观看电视，而非按照目标执行任务时，是因为内心告诉我们此刻其他活动对我们更重要,还是因为被拖延的任务实在令人反感以至于宁愿接受当下没完成带来的不良后果?

我们拖延的另一个主要原因是,我们在应对与任务相关的困难情绪,短期解决这个问题的方法就是逃避。虽然这可能是我们真正想要实现的目标,但同时我们也害怕任务中的某些方面失败,因此一直在拖延。对我来说,"如果我写了这本书,没有人喜欢它那么办?"这样的想法可能会让我无法开始。除了恐惧之外,还有其他情绪比如无聊或挫折也会妨碍我们达成目标。

虽然我们把逃避任务作为一种自我安慰的方式,但这种解决办法只是暂时的,甚至可能使情况变得更糟。当我们因为拖延而进一步惩罚自己时,就形成了恶性循环:"我太懒了!"我们的自尊心不断受打击,对许多人来说,这种负面情绪会使我们进一步逃避任务。因此,原谅自己有这种正常的行为是一个好的开始。

如果你觉得自己拖延仅仅是因为"懒",那么这可能意味着你没有深入了解自己拖延背后的原因。尝试使用"5个为什么?"的练习,看看是否能找到帮助自己克服拖延症的方法。

帮助我摆脱拖延问题的一个很好的比喻是想象推一辆静止的汽车,如果你曾经推过一辆车你就知道开始时是最难的,车辆开始移动并且克服了汽车在停止状态下的惯性,继续推动它就会变得轻松很多。同样,我知道一旦开始任务,即使起初抵触情绪强烈,之后持续进行会越来越顺利。因此,我必须开始行动。

我向我的学生推荐了两种非常有效的策略来帮助他们培养自律能力、克服拖延症并开始学习："如果……那么……"的陈述和制订日常计划。

"如果……那么……"陈述

帮助你培养自律的一个有效方法是创建"如果……那么……"类型的陈述。在这里，"如果"代表着想要完成的任务（比如花一个小时写论文），而"那么"则表示成功完成"如果"后所能做的事情（通常是一个奖励，对我来说则是去游泳或在健身房锻炼）。我告诉我的学生不要错过利用喜欢做的事情来激励自己学习的机会。例如，如果你喜欢下午喝咖啡，与其一时冲动点了双份浓缩咖啡和加奶油的巧克力玛奇朵，为什么不决定在花了一个小时完成最难科目的作业后用同样的咖啡来犒劳自己呢？（图 7-3）

> **新加坡国立大学工程学院项目与设施管理专业大二学生**
>
> 我总是控制不住自己，明明已经连续看了好几集，还是忍不住按下奈飞（Netflix）上的"下一集"按钮。现在我用了一个方法，给自己设定了条件触发点，比如说"如果完成作业，那么才可以再看一集《越狱》（*Prison Break*）"。现在即使上一集留有悬念，我也能够在两集之间停下来。

图 7-3 使用"如果……那么……"策略来制订学习计划或其他想要实现的目标

建立日常习惯

作家、表演者、艺术家和运动员共同之处在于他们需要自我激励来进行练习。这些职业中的顶尖人士当然具备相当高的天赋，比如身高、协调能力或智力等。但想要出类拔萃，仅依靠天赋是不够的，还需要大量的练习。他们内部的动机非常强烈，会主动进行练习，但这还不够。在采访这些人时，你会发现他们并不完全依赖动机来开始工作，优秀的人往往要培养日常习惯来帮助自己。他们不会浪费精力去思考或每天尝试不同的方法来激励自己完成任务。每天所做的事情已经成为一种习惯。

传奇舞蹈编导兼舞蹈家特薇拉·撒普（Twyla Tharp）在她的著作《创造性习惯：一生受用的学习之道》(*The Creative Habit: Learn it and Use it for Life*）中描述了她每天的日常例程，比如穿上运动服在家门口叫一辆出租车去健身房。

> 仪式感不在于我每天早上在健身房做的拉伸和负重训练，而在于打车。当我告诉司机目的地的那一刻，我就完成了仪式。这个动作很简单，但每天早上以相同的方式进行，就成了一种习惯，并且容易重复和执行。这减少了我跳过或以不同方式做这件事的可能性。因此我的日常例程中多了一项，同时也少了一件需要考虑的事情。
>
> ——撒普，2008

人们普遍认为，迈克尔·乔丹（Michael Jordan）是世界上最优秀的篮球运动员，主要是因为他天生运动能力出众。当然他确实具备很多天赋，使其能够在职业联赛中表现出色，但与他拥有相似身高和投篮能力的球员并不在少数。事实上，他在高中时期未能选入篮球队，因为当时有太多比他优秀的球员。许多人认为他之所以与众不同，主要在于他坚持不懈的训练方式，他将其命名为"早餐俱乐部"。每天早上5点，他进行负重训练并遵循严格的饮食计划，从不因个人喜好而缺席。这种仪式使他在身体和精神上都为篮球比赛做好了准备。

这两位在各自职业生涯中都成了世界闻名的人物，并将自己的工作描述为一生的热爱。尽管如此，我发现他们仍然需要一个日常习惯来帮助他们每天开始工作并实现人生目标，这让我感到非常有趣。作为回应，我也尝试建立了自己的写作习惯：在写作的日子里，我会清晨起床，然后前往家附近的咖啡店，在那里喝杯咖啡，享受几个小时不受打扰的写作时间。❶

无论你的日常习惯是什么：是一天中的哪个时间段，如何开始的，是否与朋友一起，都一定要有一个习惯，然后坚持下去。再者，如果你发现自己无法遵循这个习惯，是因为

---

❶ 除了喝咖啡之外，我的日常还包括一些其他习惯：我会戴上耳机听音乐作为背景音乐，音量适中，节奏平稳。每20分钟，我会暂停手头的工作，四处环顾一下，或者看看窗外、观察周围的人。站起来离开椅子去趟卫生间或给杯子加点水。此外，我还养成了一些其他提高写作效率的习惯。罗伯特·西奥迪尼（Robert Cialdini）在他的著作《先发影响力》（*Pre-suasion*）中为喜欢拖延的作者们提供了一个很好的技巧：当知道接下来要表达什么时，就故意停止工作，并不将其记录下来。留下未完成的部分能够额外激励自己第二天继续工作完成它。遗憾的是，在发现这个习惯时已经太晚了，无法帮助我完成前两章。

你的目标不在这里，与你所做的不一致吗？有什么可以改进你的习惯吗？尝试在一天中的其他时间或地点进行练习。与元认知循环类似，在你第一次尝试时，你的日常习惯可能不会完全正确，这是很正常的。因此，如果你不能像希望的那样马上做到自律，也不要气馁。随着时间的推移，情况会发生变化，你的作息时间可能也需要改变。因此，要不断尝试找到适合自己的方法。

当我们的目标与我们的天性不一致时，我们就必须特别有策略地进行自我调节学习。例如，大多数人认为学习自己喜欢的科目很容易。我们具备学习的动力，是因为我们觉得它特别有趣，而且很快就能理解。我们往往会把大部分学习时间花在这些方面。但是，对于那些很难激发我们学习动力的题目，我们该怎么办呢？讽刺的是，我们通常需要在这些题目上花费更多的时间，因为它们对我们来说更难。但我们往往缺乏内在动力，因此花在这些题目上的时间不是更多，而是更少。如果我们没有深思熟虑地、战略性地规划好我们的学习，就很容易做出与我们的长期目标和价值观不一致的事情。

总结：第七章

所有学习策略都需要有一个坚实的基础。自我调节能力（即为达到重要目标而控制自己的情绪和行为的能力）是这些基础支柱之一。它从有目的地选择和优先考虑正确的目标开始，并理解这些目标背后的动机。尽量在学习中平衡外部动机和内部动机。提升自律的两个有效技巧包括使用"如果……那么……"陈述和建立日常习惯。

第八章
基础——健康与幸福

> ⚠️ **误区** │ 我越努力学习，就会变得越聪明，成绩也会不断提高。
>
> ✅ **真相** │ 在影响学习之前，你的努力是有限度的。

我在本书中反复强调，学习需要付出艰苦的努力。然而，你可以采取一些措施立刻改善你的学习，这对你来说可能意味着更少而不是更多的努力。你没看错吧？是的，这个建议涵盖了影响我本科学习能力的主要因素之一。事实上，它比我们在本书中讨论的许多其他学习技巧更重要。遗憾的是，尽管这一点很重要，但我的学生们却很少考虑这个问题。

这个神秘的建议是什么？高效学习意味着要注意自身健康，适当休息以避免长时间工作带来的疲劳，筋疲力尽时应及时休息。关注个人健康可以更好地为学习做好准备。保持良好的健康状态和幸福感对于维持有效学习所需的注意力和专注力至关重要（图 8-1）。因此，我将其视为两大基础支柱之一。

全面学习框架

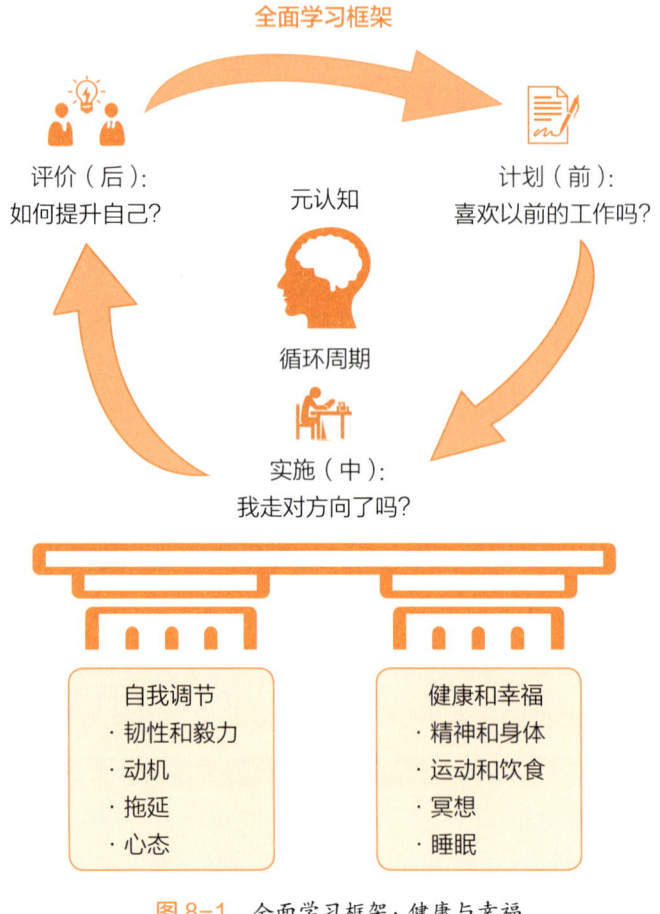

评价（后）：如何提升自己？

元认知循环周期

计划（前）：喜欢以前的工作吗？

实施（中）：我走对方向了吗？

自我调节
- 韧性和毅力
- 动机
- 拖延
- 心态

健康和幸福
- 精神和身体
- 运动和饮食
- 冥想
- 睡眠

图 8-1 全面学习框架：健康与幸福
如果身体不适或太累，就无法好好学习。

我们很容易忽视健康对于注意力、专注力和学习效果的重要影响。作为一名儿科医生，每天的工作都在提醒我，如果没有良好的健康状况，我的年轻患者就无法达到最佳的学习效果，也无法在学校取得好成绩。然而，把所有时间都花在锻炼身体、与朋友放松或冥想上也是没有意义的。你需要在生活中找到适当的平衡，因此正确设定目标是第一步，并应成为实现平衡的指导原则。

为了取得好成绩而损害健康是不明智的。我了解到一些极端案例，学生为了更好地学习而拼命努力，结果把自己累病了。他们误解了努力学习和学业成就之间的关系，认为二者是呈直线增长，如图8-2所示。

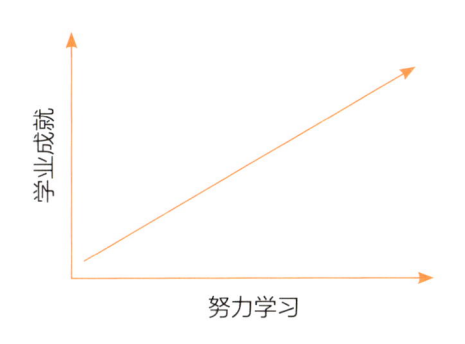

图 8-2　学业成就与努力学习之间的关系（误解）

鉴于这一点，似乎学习花的时间越多，学到的知识就越丰富，成绩也会更好。然而，能够学到的知识量并非仅取决于自我强迫学习的程度，这种观念实际上是一个误区。

相反地，我们身体展现出了不同的曲线：

努力学习对你的学业确实有很大影响。但它只在一定程度上起作用。随后，我们的身体开始疲劳，即使我们再努力学习，学习效果也会降低，如图8-3所示。

我有个朋友是运动心理学家，他通过心理辅导来帮助世

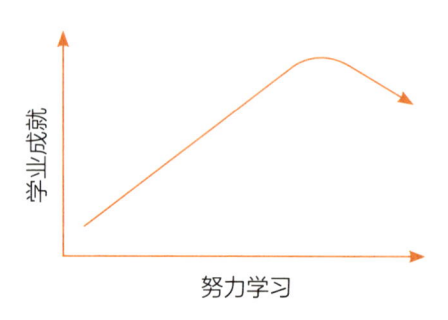

图 8-3　学业成就与努力学习之间的关系（现实情况）

界级、奥运会水准的运动员实现其训练目标，这种辅导与体能训练相辅相成，形成一个更全面的训练计划。他告诉我，这些运动员面临的主要问题不是要求他们更加努力地训练，而是说服他们何时休息以及如何使身体得到恢复。过度训练会妨碍肌肉恢复，并增加受伤风险，对其训练计划造成重大影响。对于这些顶尖运动员来说，克制自己并不符合他们的天性，对他们而言这是不合常理的。最优秀的教练也懂得适可而止。这些运动员需要明白，虽然需要刻苦训练，但不能过度透支身体。

学习也是如此。我看到许多学生连续几个晚上熬夜，为即将到来的考试进行突击复习。但到了某个时间点学习效率就会降低，很难再吸收新的信息了。如果这些学生能够提前准备，运用一些学习策略，并在学习过程中合理安排休息时间，他们就不会在疲惫状态下浪费大量时间进行低效学习了。当身体和精神状态良好时，注意力会更集中，学习也会准备得更充分。总之保持身体健康对于学习具有积极影响。

学习中的干扰因素

那么，我们如何才能更好地用大脑来接收我们想要学习的信息呢？我们生活在一个充斥着各种事物、不断吸引我们注意力的世界里，就像一个孩子拉着我们的衣袖一样。我们渴望了解最新的新闻、思想或时尚潮流，想知道我们最喜欢的明星在做什么，或者世界上正在发生什么危机。然而，各种信息让人应接不暇，我们需要帮助来应对智能手机、耳机、电脑和手表等设备带给我们日益增长的感官输入。讽刺的是，由于干扰过多，我们不得不设置闹钟或通知功能来提醒自己最应关注的事情，这样就又增加了一层声音和震动的干扰。

这些活动对我们的专注力和学习效率都会产生负面影响。

目前网络上广泛流传的一种观点是：我们现在的注意力比金鱼还要短！尽管我对此持怀疑态度，我无法证实这一说法背后的研究，但我仍然赞同那些表明我们大脑难以长时间专注于单一想法的报告。我们的思绪通常会飘忽不定，从当前焦点一下就跳转到未来事件或过去的回忆中。研究表明，一天当中我们几乎有一半的时间思维都在游走。❶ 因为我们现

---

❶ 研究"思维游走"并没有那么轻松，不仅要确定人们何时有空休息或专注于工作，还需考虑他们的注意力水平。然而，无论我们真正有多少时间在神游，重点是我们确实经常神游。当然，也不能全盘否定，思维游走似乎对头脑风暴和创造力至关重要。这种在心不在焉状态下产生的创造性思维，最终仍需要集中注意力才能成功实施。显然，大脑需要使用不同的模式来解决不同类型的问题。

在生活在一个充满干扰的世界里，我们的大脑更容易从一个念头跳到另一个念头。因此，当你处于一个安静的地方，没有任何电子设备或其他干扰时，你可能会觉得有些怪异。

你周围的噪声可能会干扰你的学习，而你甚至没有意识到这一点。无论是坐在你旁边的陌生人令人厌烦的对话，还是耳机里播放的你最喜欢的歌曲的歌词，这些背景噪声都会在不知不觉中分散你的注意力，因为你潜意识里会试图理解这些话语。研究表明，听没有歌词的器乐不会像有歌词的音乐那样对学习产生负面影响。我曾跟我的姐姐说过（她是一位专业钢琴家），我学习时会播放古典音乐作为背景音乐，她非常震惊，问我怎么能做到在古典音乐的背景下集中注意力学习。相反，她学习时会播放轻松的爵士乐。

通过仔细阅读文献来了解是否应该在学习时听音乐，这确实让人感到困惑。一些研究表明音乐会分散注意力，而有些研究则发现音乐有助于集中注意力。很多因素都会影响在学习时播放音乐的效果，比如你当时正在学习/做些什么、你的性格（内向还是外向）以及个人兴趣等。了解这些研究后，我的建议是，选择那些令人愉悦、重复但不会让你分心的音乐，避免选择带有歌词的音乐或你喜欢的流行歌曲，当然将这些歌曲留到学习之前或休息时作为奖励来欣赏是最好的。

多任务处理还是快速任务切换？

我们对即时通信（短信、电话和视频通话）以及社交媒体（如照片墙、脸书等）的强迫性使用，影响了我们的注意力和后续学习能力。我们相信，如果我们能像电脑同时运行多个程序一样，同时处理头脑中的不同问题，就能更有效地利用时间。当我们专注于一个问题时，常常会说服自己，我们正在后台处理其他问题。

相反，认知科学家发现人类并不会同时解决多个问题，而是迅速地在不同的任务之间切换再切换。我们的信息处理能力有限，即使是简单的任务也会对复杂任务造成影响，比如开车时打电话或听收音机，会降低避免碰撞所需的反应时间。

最近一项研究观察到学生在学习过程中，基本上每 6 分钟就会被打断或主动切换任务一次，每次任务切换都会导致时间浪费，因为大脑需要重新调整以适应新任务，并记住管理该任务的规则。此外，还有回到原始任务所需的时间损失。因此，加快任务切换速度需要付出代价，在我们大脑中，任务切换越快，出错的概率也越大。不同群体（如男性与女性、数字化精通者与技术恐惧者）之间在多任务处理能力上差异很小。更糟糕的是，我们并没有意识到快速切换对学习实际影响有多大。研究一再表明，我们不仅不擅长多任务处理，而且我们也难以准确评估这些干扰对我们学习的影响。看起来你越相信自己是优秀的多任务处理者，就越可能不是。

元认知循环：战略学习之旅

多任务处理会影响我们的心理健康，并与焦虑和抑郁的加重有关。然而，完全停止多任务处理也不现实，是因为人类思维的游走是正常现象。虽然在需要耗费脑力的任务上，它会降低我们的即时生产力，但在某些情况下，它可能会提升其他方面的能力，比如创造力、满意度甚至是在乏味的环境中（比如枯燥的讲座或长途车程）保持清醒。

我对多任务处理的建议是，首先确定需要你全神贯注的任务，然后安排时间来完成这些要求较高的任务，并尽可能排除干扰。将手机调到"飞行模式"，在休息或完成任务时再打开。将最重要的任务安排在你最清醒、效率最高的时间段。对我来说，这段时间是清晨。到了傍晚，当我比较疲倦时，我会处理一些对认知要求不高的任务，比如清理一些不太重要的邮件，这时我会重新打开手机查看信息，我知道当我回复收件箱中的各种邮件时，思绪一定会游离，但我也只能接受这个事实，并尽量不去想太多。

给你自己放个假

在学习时偶尔休息一下有助于重置大脑，同时给自己一些时间巩固所学知识，并帮助将信息存储在记忆中。❶ 即使

---

❶ 在处理认知复杂度较高的任务时，休息显得更为重要；在进行日常事务时，休息的重要性则相对较低。无论是进行体育活动（如散步）还是精神上的放松（如上网），似乎都不会产生太大影响。

在需要高度集中注意力的时间段内，我也会在使用电脑连续30~40分钟后进行休息。有时候，我的休息时间很短，只是从电脑屏幕上抬起头来，望向咖啡店的其他人一两分钟，然后再继续专心工作。当我"进入状态"时，我可能会连续工作更长时间，我发现我的大脑在处理当前任务时表现还不错。一旦我感到注意力开始分散了，我会进行短暂休息，通常是站起来活动几分钟，去倒水或者去卫生间。

对于其他人来说，优化他们的学习意味着在家庭、宗教或社交活动之间找到生活的平衡。正如我们之前讨论的，认真的学生不仅要考虑学习目标，还要对理想目标保持清醒的认识。在我看来，一种平衡而充实的生活包括我们所珍视的一系列活动，其中包括与他人建立良好的人际关系。有证据表明，这种平衡也有助于学习。例如冥想，无论是正式宗教实践的一部分，还是提高注意力和专注力的一种心理锻炼形式，都可以帮助学生实现生活平衡，并已证明对学习有益。

运动对学习的影响

正如我之前所说，我会在设定的"如果……那么……"陈述中将更长时间的休息（健身或游泳）作为对自己的奖励（例如，"如果我花了45分钟写作，那么我就可以去游泳"）。将运动作为奖励还有一个好处，就是能够让我保持健康。此外，运动后我感到精力充沛，能愉悦地再次投入工作中，这些都有助于更好地学习。

我们开始逐渐认识到运动对学习的直接影响。跨学科研究越来越多地表明，各年龄段的体育锻炼都可以提高学业成绩。随着年龄的增长，体育活动在维持认知功能方面发挥越来越大的作用，并且能降低患阿尔茨海默病和痴呆风险。

对学习影响最大的因素：睡眠

目前高中生和大学生群体没有完全意识到睡眠质量对学习的影响是最为重要的。他们普遍存在睡眠不足问题，这些学生的睡眠时长对学习产生巨大的影响。在我的本科生中，睡眠严重不足的学生比例高得惊人。

我所说的可不只是学生在考试前最后一刻突击复习，偶尔还会通宵学习而导致的睡眠不足，而是他们长期睡眠不足，尤其在工作日。杜克-新加坡国立大学医学院的同事乔舒亚·古利博士（Dr Joshua Gooley）表示，选了我课程的学生平均睡眠时间每晚不到 7 小时，对于这些学生来说，健康的平均睡眠时间至少应该比每晚 7 小时多 1.5 小时，难怪这些学生无法发挥出最佳的学习状态。

在睡眠不足的情况下学习就相当于喝醉酒学习一样。在我看来，如果学生想要提高学业成绩又不想付出太多努力或投入更多时间，最佳方式就是培养良好的睡眠习惯。

更糟糕的是，大多数学生通常在半夜才去睡觉，然后又要早起上课。古利博士发现,那些天生的"早起者"(早睡早起)的学生在大学课堂表现更出色(因为大学课程通常安排在上午),遗憾的是这种睡眠模式只是少数。相反,睡得很晚的"夜猫子"们在课堂上处于劣势,因为他们的睡眠周期向后推迟了。实际上,在上午的课堂中"夜猫子"们就像在经历"时差反应"。虽然在考试时都希望大脑能保持清醒状态,但这些学生会感到非常困倦和疲惫(图8-4)。试想一下,当你乘坐国际航班一下飞机就去参加考试,怎么可能取得好成绩呢?总之,时差会影响你的思维,使你无法发挥出最佳水平。❶

图8-4 改善睡眠会对你的学习产生重大影响

---

❶ 许多研究都反映了类似的观点:那些生物钟和学校课程设置时间一致的学生在学业上表现得更好。

大学宿舍通常过了半夜都还是很吵闹，这就迫使习惯早起的学生改变作息时间。学校的课程大多安排在早上，因此学生睡不了几个小时就得起床上课。学生们既要参加课程考试，又要安排紧凑的学习时间，还要兼顾繁忙的社交生活，这些要求让他们不堪重负。学生之所以愿意牺牲休息时间，是因为对他们来说不那么重要。难怪我们的学生长期睡眠不足，当然付出的代价是学习成绩不理想。

随着对睡眠的深入了解，我们知道睡眠不仅是让我们的大脑晚上放空早上重新开始，更重要的是可以让大脑利用新开发的通道清理白天积累的废物。这种清理可能对大脑有益。

但我们也知道，睡眠期间大脑还在不断地处理信息。我们在睡眠中会想象出不同的场景，这些场景似乎有助于我们的学习。睡前学习的内容在睡眠后似乎能更好地巩固在大脑中，并在日后更容易被回忆起来。对于那些特别善于制定策略的人来说，这是一个值得利用的机会——只需要适当的规划，就能明智地选择在睡前学习的内容。

人在睡眠时会迸发灵感。许多重要的科学发现都是在睡眠中产生的。化学家德米特里·门捷列夫（Dmitri Mendeleev）在睡眠中找到了组织化学元素的逻辑方法，当他从梦中醒来时，写下了元素周期表。杰出的数学家斯里尼瓦萨·拉马努金（Srinivasa Ramanujan）回忆说，他的许多数学证明都是在梦中得到启发的。在做出重要决定时，"睡一觉再说"的说法并非空穴来风，而是有其潜在的真正目的。

睡眠不足会导致严重的健康问题，进而影响学习。长期睡眠不足的学生更易患抑郁和焦虑等精神疾病，以及出现肥胖、心血管疾病和糖尿病等与健康相关的问题。

改善睡眠的策略

那么，你可以采取哪些措施来改善睡眠呢？尽管可能已经知晓这一点，但值得强调的是，在舒适的床上、黑暗而安静的房间里入睡至关重要。整夜不停地接收信息、电子邮件、通知、提醒和警报，使我们在卧室中睡觉比在医院重症监护室中睡觉更受干扰。也许只有使用眼罩和软耳塞，住在宿舍的学生才能睡得更好。一些学校已经开始在图书馆提供"小憩舱"，供学生白天在安静和黑暗的环境中小憩。

在现代生活方式下，拥有一个舒服的睡眠环境并非易事，可能需要认真规划或者解决一些实际问题才能实现。除非你是晚上值班的医生或是应对紧急情况的政府官员，否则没有太多理由需要你在夜间随时待命。因此，我建议睡觉时将手机调至飞行模式。你为改善睡眠环境付出的努力是非常值得的，特别是在提升学习效果方面。

改善你的睡眠习惯是接下来最重要的一步，你身体里的生物钟会努力让你的日常作息时间保持一致。因此，每天在同一时间睡觉会使你更容易入睡并保持良好的睡眠习惯。你可以养成一些睡前习惯，比如做一些放松的活动，而不要在睡前看令人心跳加速的动作片、喝红牛或喝太浓的咖啡。这些放松的活动在向身体发出休息的信号。

最后，要谨慎考虑中午午休时间。下午可能是你家唯一安静平和的时段。人体通常在下午感到疲倦，所以那时小睡一会儿可以帮助大脑重新获得能量，以应对剩余的一天。然而，我建议小睡30至60分钟即可，绝对不要超过90分钟。如果睡得太久，醒来后会让你感到更加困倦，从而更难开始工作。

尽管长期睡眠不足，有些人仍然会发现自己到了晚上难以入睡，或者睡不安稳。其中一个原因是他们的生物钟紊乱，晚上一直使用电脑或手机也可能扰乱生物钟；午睡时间过长或在就寝时间前后小憩都会干扰身体节奏；白天缺乏明亮光线或接触过多蓝光也会影响睡眠质量。❶

药物用于改善睡眠可能会产生逆反作用，尤其是在滥用的情况下。一些更为严重的疾病也可能导致睡眠障碍。如果你出现入睡困难或白天感到过度疲劳，建议寻求专业的睡眠医学人员帮助，切勿自行使用药物。

---

❶ 有一些软件程序可以减少电脑或手机屏幕发出的蓝光，也有特殊的眼镜可以降低用户接触到的蓝光量。白天暴露于适量蓝光可能有助于调节生物钟，但晚上过度暴露则会扰乱生物钟。

其他健康问题

严重的心理和生理问题都会阻碍学生的学习。酒精和药物滥用对健康和学习的影响也是不言而喻的。这些健康问题对学习产生的影响超出了本书所能覆盖的范围。但正如本章所指出，即使是轻微的心理和生理健康问题也可能对我们的专注度和学习产生重大影响。

在本书中，我多次强调努力工作是至关重要的，也许你会惊讶，我现在建议你最好不要那么努力工作，但这是因为可能工作会做得更好。尽管其中一些建议可能会减少你的工作量，但这些问题对你来说是最难改变的。事实证明，改善个人健康习惯（如改善睡眠、饮食或者加强锻炼等）很难实现。我的建议是先从简单的事情做起。确定你认为可行的方法，比如改变学习时听的音乐，或者睡觉时将手机切换至飞行模式。总之慢慢地将本章中其他建议融入你的生活中，即使到了我这个年纪，我仍在努力将更多的健康理念融入自己的生活，哪怕每次只融入一点，也要坚持下去。

本书中涵盖的所有策略对于每个人来说都是具有挑战性的，相较于实施任何一种策略，了解这些策略要容易得多。在接下来的章节中，我们将探讨如何整合提供的信息，并制订一个完整的学习计划，以助你达成目标。

总结：第八章

健康与幸福是实现最佳学习效果的另一个基础。所有学习者都应考虑改善睡眠及健康的策略，以提高学习时的专注力。我们的身体都有一个生物钟，在某一时段我们更容易集中精力，在制定学习策略时，应考虑到这种模式。工作、休息、社交承诺以及其他理想目标之间的正确平衡因人而异，但实现这种平衡将带来更好的学习效果。

第九章
制订、实施和评估学习计划

> **误区** 一旦我掌握了有效的学习方法,我的学习能力就会得到提高。
>
> **真相** 了解学习方法只是第一步,实施起来要困难得多。

毫无疑问,想要学习好,既需要智慧也需要努力。在前面的章节中我强调了我的观点:想要在学业和事业上取得成功,勤奋比天赋更重要。无论你有多聪明,总有提升的空间。然而,我相信你现在也明白仅具备这两点还不够。

优秀的学习者都掌握一定策略,他们了解优化学习的各种方法。但仅仅掌握学习方法就能成为策略型学习者吗?想要成为真正的策略型学习者,至少要具备以下四点学习要素,缺一不可。

1. 智力
2. 勤奋
3. 掌握学习策略
4. 知道如何实施学习策略

我们已经介绍了多种学习策略,这些策略为学习计划奠定了基础。然而，事实证明了解学习方法要比将这些知识付诸实践容易得多。策略型学习者会将学习模块有机地整合在一起，通过制订系统化计划来应对学习过程中的复杂性。你的学习计划应该考虑全面学习框架的各个要素，制订学习计划应从我们框架中核心部分——元认知循环开始。我们学习了该如何设定指导学习的目标，并将学习与其他生活目标结合起来，然后采用有效的策略来优化学习，并根据特定需求和情境来量身定制学习计划。

接着我们讨论了全面学习框架的基础部分。良好的自我调节机制以及健康的生活习惯为学习打下坚实基础，让你能够坚持不懈地完成学习计划。因此，关注整体健康和追求幸福至关重要，也包括需要适当的运动、营养、睡眠和休息。了解个人动机以及在现代社会中应对干扰并保持专注也是这一基础的重要组成部分。

最后我们需要回到元认知学习周期，讨论最后两个步骤："实施"和"评估"。了解学习计划是否有效的唯一方法是付诸实践。此外，计划实施之后我们必须使用"3R原则"来评估它们：回顾（Review）、反思（Reflect）和修订（Revise）。最终我们把这个过程称为一个循环，因为最优秀的策略型学习者不仅能制订计划、实施和评估，还会利用全面学习框架持续改进他们的学习计划，然后再次开始这个循环。对于学习者来说这种改进循环应贯穿一生。

在我们完成讨论并将全面学习框架的所有要素纳入个人

学习计划之前，还有一些事情需要考虑。这些实用的建议有助于你实现预期的学习效果。

集思广益找出阻碍学习计划的因素

如果你在制订学习计划时，也会认真考虑实现目标可能面临的障碍，那么你的计划将更具韧性。这一常识性策略不仅要求你设想成功实现目标所需的步骤，还要思考如何克服最有可能阻碍目标实现的因素。

许多学习者常常抱怨缺乏时间管理技能，然而这个说法过于笼统，无法提供实质性帮助，需要更深入的思考来找出问题根源。当然"5个为什么？"分析法将会有所帮助。

也许你会发现，你的"时间管理"问题源于不清楚哪件事情应该优先处理，你也许需要重新设定你的目标。你或许因为在学习时缺乏专注，浪费了时间。无法抵制手机的诱惑？那么就关闭手机，把它收起来，这样你就看不到它了。拖延是否导致你没有足够的时间完成最重要的任务？总之你已经掌握了许多技巧，可以用来解决这一问题。

只是了解科学的学习策略是不够的。现在需要进行深入分析，找出限制学业成功的因素，并制订符合个人情况的实施计划。

元认知循环：战略学习之旅

与他人合作学习

尽管本书一直强调个人学习方法的改进，但请不要因此就认为学习应该是一项单独的活动。许多学生（包括我在大学时）都认为学习小组是浪费时间，他们宁愿自己单独学习。事实上，学习小组确实有可能是一项耗时的活动，但也并非全如此。经过深思熟虑的学习计划应该充分考虑与他人合作，这有助于完善你选择的学习策略（图 9-1）。

图 9-1　建立学习小组对学习很有帮助，但必须合理设置以促进学习，而非妨碍学习。

团队学习的潜在好处是巨大的。小组成员可以通过分享问题来进行记忆检索练习，这些问题可以来自题库或者小组成员自己编写。小组讨论可能是你在考试前发现并解决对教材的错误理解的唯一途径。此外，将你所学知识讲给小组其他成员是提高认知能力和加深对教材理解的另一种方式。如果你能很好地讲解给别人，那么说明你真正理解了它。

团队学习的另一个好处是可以互相交流研究领域学术思想，讨论哪些是最需要学习的重要领域，提出的问题也应该集中在这些领域。如果每个人都能提出一个关键性问题，那么自然而然地就会展开讨论哪些信息需要优先研究。

一些学生发现，通过承诺加入学习小组并对他人负责，正是他们坚持学习所需要的动力。学生们不能理解的一个方面是，成为高效团队中的一员是一项非常重要的技能。尽管在现代职场中这项技能至关重要，但通常并没有得到充分的发展。在学校，你可以学到的重要技能之一是学会有效地处理群体中不可避免的冲突，并以尊重他人的方式进行沟通。这些都需要实践。因此，即使你不能获得学分，也不要低估小组学习所带来的额外好处。

我建议找三四个学习目标与自己相似的同学组成一个学习小组。如果参与的人太多，就很难为每个人安排一个合适的时间。有时候，团队可能会选择"分而治之"的学习策略，将不同主题分配给团队成员，虽然这样可以有效地预习材料或设定检索练习的问题，但需谨慎。这种策略的主要风险在于团队成员只能理解他们被分配的内容，但对其他部分一无所知。

元认知循环：战略学习之旅

学生们经常在学习小组中遭遇不好的经历，是因为小组成员在一开始就没有就小组的目标和任务达成共识。小组可能会很快演变成一个社交聚会，大家只是闲聊取乐，或者抱怨课程或老师，而偏离了其既定目标：学习。或者，小组最终会变成一两个人"承担了所有工作"，而其他人就会"懈怠"。因此，学习小组在开始之前制定合同章程是确保所有人达成共识的好方法。虽然这并非是一件愉快的活动，但最好是在一开始就制定好基本规则，而不是等到分歧出现后再做决定，因为到那时可能为时已晚，就无法挽救整个团队。

我在附录 C 中提供了一份团队合同的样本。在理想情况下，该文件应包括小组期望实现的目标，以及关于会议次数、出席要求和每次会议个人准备的决策。团队中的角色（例如选择或轮换领导、谁负责沟通、安排日程等）也应该被确定。别忘了在共同工作几个月后设定一个时间来回顾团队的表现以及成员满意度。

新加坡国立大学商学院大二学生

结伴学习有助于提高我们的学习效果，并且能够建立团队责任感。

实施你的元认知循环

在制定学习目标并确定学习策略（计划）之后，仍有大量工作要做。现在我们回到元认知循环，并探讨其第二部分：实施。

对某个人有效的方法可能对其他人并不适用。人文学科的学习材料与自然科学的学习材料不同，这些科目的考试也大不相同。因此，在一个学科中起作用的学习技巧可能不适用于其他科目。我们该如何运用策略调整我们的学习计划呢？

很难预料你的计划会如何发挥作用。因此，为了完善你的元认知循环，下一步是着手实施，不管计划是多么不完美或不完整。在循环的实施阶段，重要的是监控和记录实施过程中发生的情况。许多策略与最初理想学习方式相悖，因此，不用急于对计划进行重大调整。我将"实施"列为元认知循环中独立的一个步骤，主要是为了确保你们能够给这个步骤分配足够的时间，同时给你的学习计划一个实施的机会，并监测它带给你的感受。在你对使用这些新的学习方法所取得的成绩有了更深入了解之后，你将会有机会评估该计划是否对你产生了实际效果，见图9-2。

全面学习框架

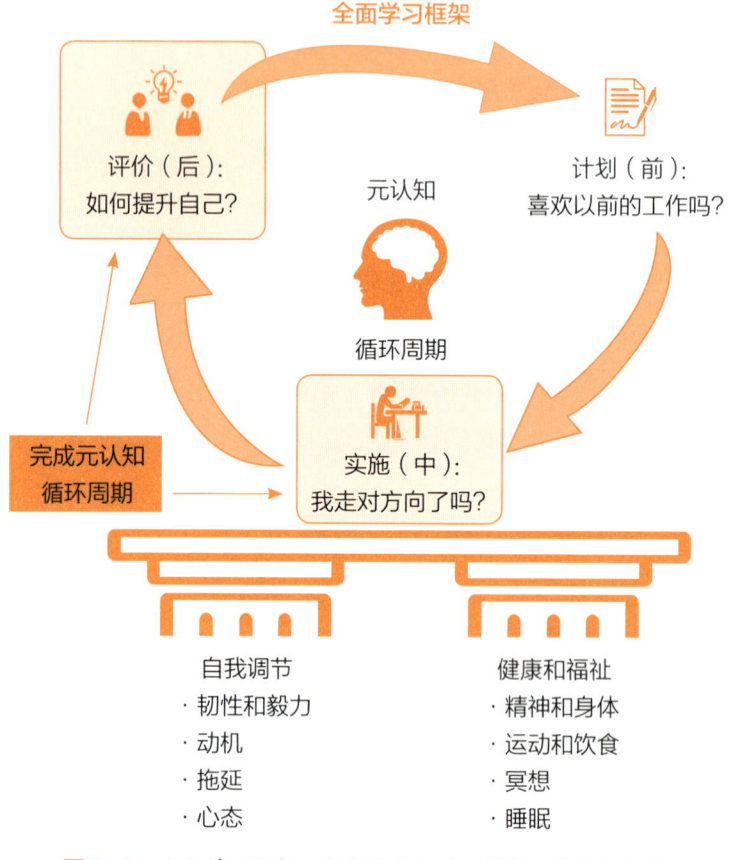

- 评价（后）：如何提升自己？
- 计划（前）：喜欢以前的工作吗？
- 实施（中）：我走对方向了吗？
- 元认知循环周期
- 完成元认知循环周期

自我调节
· 韧性和毅力
· 动机
· 拖延
· 心态

健康和福祉
· 精神和身体
· 运动和饮食
· 冥想
· 睡眠

图 9-2　全面学习框架：完成元认知循环周期：实施与评估。

评估你的元认知循环

全面学习框架旨在整合与优质学习密切相关的关键复杂因素。也许你已经在附录 A 中记录了你想尝试的最佳想法。现在很明显，你的学习周期必须是个性化的，因为每个学习者都有独特的天赋、个人动机和目标。鉴于学习计划应考虑这些差异，因此需要综合考虑多方面因素。我相信在开始之后，你可能会重新考虑其中的很多部分。

面对如此复杂的情况，我们应该怎么办？我不愿意给你制订一个具体的学习计划，是因为没有一种方案适用于所有人。因此，你需要利用科学的学习知识来找出这些问题的答案，然后运用这些知识制订出适合你具体情况的学习计划。制订并实施了一份关于如何进行最佳学习的学习计划后，接下来的关键任务是评估该学习计划对你的效果如何。

在制订学习计划时需要综合考虑多方面因素，这可能会让人感到不知所措。我建议采取渐进式的学习计划，从小步骤开始着手。在评估过程中，可能会发现之前认为有帮助的策略并不切实可行，需要重新修订和调整计划，并采用不同的策略或目标。

如第二章所述，人们通常设定过多、过难或过简单的目标。很少有人能一开始就找到一个完美的目标，但随着学习的深入，目标也会发生变化。关键是要避免因为没有达到目标而产生低落的情绪，当我们灰心丧气时往往会认为自己很差劲，或者觉得设定目标本身就是浪费时间的行为。

我建议你重新思考对目标的看法，不要将其视为固定不变或无法改变的，而应视为在学习过程中需要不断调整的东西。随着需求、价值观和经历的变化，目标也应随之改变。你应该意识到很少有人能在第一次尝试时就实现目标，如果真的实现了（这时应重新设定更具挑战性的目标），那说明太出色。如果没有实现目标，就对之前的目标进行评估然后修改。

学习的神奇公式

最佳的学习方式是深入了解自己的学习模式，不断尝试并灵活调整，就像火箭快速朝着目标前进一样。我期待找到一种适用于所有人的简单而神奇的学习公式，这样我就可以写一本更轻松的书了。

在你的学习过程中，可能会发现框架中所列领域需要更多的思考和规划。也许你会意识到，你的学习动机还不够强烈，从而无法制订学习计划。或者在执行学习计划时，你需要更好地了解自己的负面情绪（如无聊、害怕失败等）。也许你会错误地判断自己对社交生活的需求和渴望，导致与朋友外出的次数过多，从而无法有效学习。或者你会发现你的学习目标与生活中其他更为重要的方面并不一致。我们很少能一开始就制订出"恰到好处"的计划，因为需要考虑的因素太多。

评估："3R 原则"——回顾（Review）、反思（Reflect）和修订（Revise）

我希望我已经说服了你，我们的全面学习方法需要一个持续的计划、实施和评估循环。评估包括"3R 原则":回顾、反思,然后修订。为了帮助你理解"3R 原则",我列举了一些常见的问题,可以帮助你进行自我评估。

(1)回顾:实施不同的学习策略时会发生什么?你有什么证据表明你学得更好了?

a."我特别不擅长在不同科目之间进行转换,不清楚如何根据学科调整学习计划。"

b."频繁生病让我无法按计划进行学习。"

c."尽管投入了大量学习时间,但考试表现仍不及预期。"

d."虽然我在这门课上表现不错,但在最后时刻仍需突击复习。"

(2)反思:根据我对自己学习情况的观察以及学习成果的评估,我的学习计划中还需要考虑哪些方面?

a."当我查看自己花在不同科目上的实际学习时间时,我意识到这并不能反映我的目标。我喜欢学习化学,因为我天生擅长这门科目,并且能够获得成就感;物理对我来说就要困难得多,但我的目标其实是在物理方面取得更好的成绩。"

b."如果我不再依靠突击复习来备考,而是更合理地安排学习时间,我会在下节课时记得更多这门课程的内容。"

c."我的学习计划未能充分考虑到各门课程之间的差异:比如最具挑战性的部分以及必须掌握的知识等。"

d."回顾之前的表现,我意识到并没有达到预期成绩,因为在那门课上取得优秀成绩并非一开始认为的那么重要。"

（3）修订：考虑到我在学习过程中的个人反思，我应该如何修订我的计划？（如果你在学习计划中表现良好，请思考如何进一步提升自己成为更出色的学习者。）

a. "我会把更多的学习时间花在对我来说比较难的科目上，比较容易的科目花的时间相对少一些，这样就能更好地提高成绩。"

b. "我从学习小组中获得了极大的学习动力，因此下学期我会找几位同学一起学习。"

c. "我对假期期间能够完成的工作过于乐观了，下次我将更加合理地安排与家人共度的时间。"

失败是伟大的老师

我要向大家分享另一个小秘密。其实这也不是什么秘密，因为很少有人谈论它，所以感觉像是个秘密。这个秘密就是：每个人都会失败。即使是最成功的人也经历过很多次失败。实际上，一个人越成功、地位越重要，他所经历的失败次数就越多。我可以保证，他们的失败远比考试不及格或成绩不好严重得多。请相信我，失败其实是人生中很正常的一部分。

然而，这些学习失败的经历足以激起恐惧，导致一些人产生严重的拖延甚至完全回避，这些情绪可能会成为实现目标的障碍。就像我此刻在写这本书一样，我确实也担心没有人会读它。更糟糕的是，可能会有大量读者撰写尖锐评论，指出论文的诸多不足，那该有多尴尬啊！

成功者与失败者之间的区别不在于前者不犯错误，而是他们学会了肯定并赞赏自己的努力，并接受失败作为生活的一部分。最重要的是，他们从失败中学到了尽可能多的东西。他们意识到从失败中汲取的教训会比从成功中更多。他们知道什么对自己有用什么又是无效的。虽然他们可能会对失败感到失望，但并不会过度责备自己（至少不会持续很长时间！）。他们学会了像对待最好的朋友一样对待自己，既能安慰自己，又能真诚地面对自己。通过这种方式，他们就不会错过从错误和失败中学习的机会。

制订个人学习计划

在新加坡国立大学的本科课堂中，我们要求所有学生根据其理想和 SMART 目标制订一份正式的学习计划。我们会引导学生思考应该采用哪些有效的学习技巧，并为他们规划一份详细的学习日程表，以便为其他正在进行的课程做准备。在实施了学习计划后，我们还要求学生对执行情况进行反思，并将反思结果与课程教师和助教分享，以获得指导意见。随后，学生会修订计划并重新提交给我们。元认知循环的每个阶段他们都会简要记录在学习计划中。

这项任务是课程的必修部分，会对学生有益处。我们不评定他们的学习计划，只是会为学生提出建议并提供帮助。

这让我们有机会纠正学生对课堂教学材料存在的误解，并为他们的计划提供更多的学习思路。学生需要花费时间和精力思考如何学习和反思，然后通过写出学习计划来实施一些策略。我们让学生回顾和修订自己的计划，为期末考试做准备。

有许多方式可以制订和记录学习计划，当然我鼓励你创立自己的方法。在附录 D 中，我们为学生提供了正式学习计划范例，并附有一些说明，以便提供更多指导信息。如果你认为这种格式有帮助，也可以在我们的网站上下载学习计划模板。

虽然我们课堂上的学生会经历一个正式的学习计划的制订过程，但并不一定会建议他们在课程结束后继续按照同样的方式执行该计划。对于一些学生来说，他们认为制订学习计划并将其详细记录至关重要，包括特定时间段内要学习的具体内容、课堂授课安排、教师答疑时间以及小组学习等。有些人甚至会在日程表上详细描述不同时间段采用的学习技巧，例如分散学习或检索练习。他们可能会记下自己想学习的地点和计划休息的时间。这些内容广泛的学习计划使他们更容易全面地反思如何为课堂做准备，并最大限度地提高学习效率。随着学期的进展，他们会将学习反思记录在日记中，以免遗忘。这些活动有助于学生有条不紊地进行学习，并且持续优化学习过程。

然而，课程结束后大多数学生的学习计划不再记录如此详细的内容，但是对于那些取得成功的学生来说，他们通常会延续已有的学习方法,并在此基础上添加一两个进一步提高学习效率的想法。这些学生会重新审视全面学习框架,并认识到其学习过程中受到多种因素影响。随后,他们将迅速评估自己在"3R"(回顾、反思和修订)方面的表现。这一过程实际上只需要花费几分钟的时间,通常在学生拿到课程成绩单时,他们会立即实施"3R"原则,并决定该如何调整学习方法。还有些人认为,进一步完善他们的正式计划并与导师讨论非常有益。如果你想彻底改变学习方式,我强烈建议采用更为正式、详细的方法。

"在准备战斗时,我发现计划虽然看似无用,但实际上是不可或缺的。"

——美国前总统德怀特·艾森豪威尔

学生在整个学习生涯中无须担心学习计划的正式性,因为这是一个不断更新的过程。比实际的学习计划更重要的是制订计划的过程本身。在全面学习框架的指导下,我希望你现在已经掌握了一套完整的学习策略以及能够提升学习效果的技巧。如果你想要大幅提升学习效果,就不能固守传统的学习方式,要期待会有不同的结果出现。如果你一开始没有取得学习上的进展,也不要轻易放弃,因为仍有其他可供尝试的策略。你现在可以跟自己说,不是你不够聪明,而是你还没有找到适合自己的学习方法。虽然你的新计划可能对你有帮助,也可能没有,但我相信只要你继续尝试,稳步前进,终会找到适合自己的方法。

学习效果的提升主要取决于学习者的个人努力,而非教师。然而,在学生的学习过程中,我并不否认教师和教育体系所扮演的角色。我将在最后一章讨论教师如何促进学生更好地学习,以及当教师未能做到这一点时,学生可以采取哪些措施。

总结:第九章

策略性学习需要的不仅是掌握最佳学习方法,还需要具备实施计划的技能。实际上,执行学习计划比大多数人想的更为困难。例如,集思广益,找出计划中可能出错的地方或者加入学习小组进行合作可能会有所帮助。实施计划后,下一个重要步骤是评估和反思如何改进它。不要因为这是一个永无止境的循环而感到沮丧,伟大的事情需要时间来实现。

第十章

现代化教育：提升学习效果

> **误区** 这些新的课堂形式只是暂时的流行趋势。我仍然认为精彩的课堂授课是学习的唯一途径。
>
> **真相** 学生在融入主动学习和其他学习科学原则的课堂中学习效果最佳。

"然而,无论是发达国家还是发展中国家,许多教育体系仍是过于依赖被动学习,即直接指导和记忆训练为主,而不是采用当今创新经济所需的培养批判式思维和独立思考的互动式学习方法。这些陈旧的体系限制了人们推动经济繁荣所需的技能,也对全球生产力构成风险。最新数据表明如果各国能够更有效地培养学习者以满足未来经济需求,到2028年,全球 GDP 有望增加高达 11.5 万亿美元"。

——世界经济论坛教育研讨会(World Economic Forum of Education)

尽管过去几十年来,人们一直呼吁教育进行改革以适应现代社会的巨大变化,但一直没有取得显著进步。这种缓慢地变化并不是对变革的必要性存在分歧。我们不难发现,新技术、新技能和新工艺的发展日新月异。这些都要求员工不断学习，否则很快就会落伍和被取代。在许多新兴的"数字创新"公司中，长期在一家公司或行业工作会被认为是一种劣势，而不是优势。

传统观念认为，学习就在幼儿园到高中阶段中进行；对少数人来说，学习可以延续至大学再进入职业生涯。然而，现在我们需要改变这种观念，无论从事何种职业，都必须在一生中持续不断地学习。以前从未如此明显地表明：如果不持续学习，就会被淘汰。

终身学习是很有必要的，因为不仅技术创新和技能在迅速变化，新事物也在飞速发展。1944年，哈佛大学医学院院长查尔斯·西德尼·伯韦尔博士（Charles Sidney Burwell）在对医科新生讲话时说："我们教给你们的知识，有一半是错误的，另一半是正确的。问题在于我们不知道哪一半是正确的。"这句话至今仍然适用。或许这是一件好事，因为我们会慢慢遗忘掉所有学过的知识，所以大脑只有通过不断学习和记忆新知识来更新自己。

在网络上即时查询信息的能力降低了（但并没有消除）我们对死记硬背大量数据或事实的需求。由于这些变化，现在越来越强调学习一套不同的技能，即21世纪新技能——沟通与协作、批判性思维与解决问题、创造与创新。

课堂讲授作为唯一或主要的教学策略肯定无法满足当今学习者的需求。就像我们教别人弹钢琴不能仅仅通过口头讲解理论，我们也不能只是告诉学生如何掌握这些 21 世纪的技能，就指望他们能够做到。我们需要设法将这些技能融入教学过程中，这样他们就可以练习这些技能，并获得反馈，了解自己的进步情况。就我们所了解到的，如果学生在练习时有意识、有目标，并能得到即时有用的反馈，他们就能学得很好。

教育应该如何改革？

难以回答的一个问题是：教育究竟该如何改革。我认为应该用科学的学习理论来指导这些改革。在过去的几十年里，研究者已经对人们最佳的学习方式有了深入的了解。遗憾的是，现代的教学实践仍然没有利用本书中涵盖的科学知识。尽管令人欣慰的是我们的教育系统正在发生变化，但科学的教学方法似乎进展缓慢。

现代课堂中的教学是复杂的过程。采用或避免单一的教学方法都不能解决问题。与许多人的看法相反，我认为课堂上的学生并不总是被动学习，因为好的老师总是努力吸引学生的注意力，让他们在听讲时积极思考。

回顾我最难忘的学习经历，许多都是由我的教授们精彩的讲座构成。几十年后，我依然记得一些。有一次我参加了一个特别的讲座，是世界顶尖果蝇专家为一群对科学兴趣不大的学生做讲座，我至今仍能回想起他在台上满头大汗地描述这些微小昆虫是如何入睡的情景，他的故事吸引了在座的所有学生，并使学生们对这原本深奥的主题有了更生动和深刻的理解。讲座结束后，全场为之起立鼓掌。即使是关于果蝇的演讲，他也能激发学生来思考自己的生活。我真希望自己也能像他一样成为一名优秀的教师。

不止一次有人指责我说过课堂授课是"教育上的不当行为"。这种指责有失偏颇。作为一名教育工作者，我仍然重视精彩的课堂授课，特别是在激发灵感、说服听众和总结要点时，尤其是像我刚才提到的研究果蝇的教授那么精彩的课堂一样，更是如此。然而，我认为课堂授课并不是最有效的信息传达方式，特别是考虑到大多数老师并不具备像那位教授那样的讲课能力。那场果蝇讲座对我而言意义重大吗？当然。它有帮助我思考并塑造了我的职业生涯吗？当然。直到今天，我仍然记得他的话语是如何激励我的。但是要问我是否还记得教授在课堂上讲的具体内容吗？其实早就忘记了。然而，那不是我从他的讲座中领悟到的重点。

医学院是一个极端的例子，其教育课程向学生传授了大量知识。随着医生实践中所需的信息量不断增加，教师们的应对措施只是安排更多的讲座，提供更详细的事实，坦白地说启发是越来越少。我们现在认识到，学习者通常只能从大多数讲座中获得少数几个最基本的要点，这些要点通常用一只手就能数出来。在学术讲座中，我们必须承认，我们的注意力很难一直集中，通常演讲开始和结束的几分钟是我们最专注的时候。对于绝大多数现代学习者而言，他们在传统的课堂教学中获得的知识相对较少，是因为他们在听老师讲课的同时，还会使用手机和电脑在社交媒体上互动或玩电脑游戏。

优秀的教师会牢记学习过程中的艰辛

什么样的老师才是好老师？根据本书提供的信息，你现在已经了解到我认为优秀的教师不是要求学生死记硬背知识点，而是让他们进行更深入的思考和探索，以加深对知识内容的理解。他们不会一味地满足学生的需求。他们知道学生为什么会说"请告知我需要背诵的考试内容"，也知道这样做对学生来说并没有那么的有帮助。他们不但会让学生努力学习，而且不会让学习变得太轻松。

然而，有些人却曲解了这句话，他们简单地认为"教师应该让学生学习变得困难"，并以此作为不认真教学的借口。我的观点并没有为那些没有认真为学生制订学习计划的老师找借口。我曾从一位教师口中得知："既然研究表明，学生在低质量教学中也能获益，那么为何还要努力提供高质量的教育呢？"然而，事实恰恰相反：优秀的老师会付出大量精力，有意识地使学习具有适度挑战性，最大限度地优化学习效果。他们的学生之所以能取得良好成绩，正是因为老师付出了教学努力。

当我想到优秀的老师时，我发现他们的教学方式类似于畅销的电子游戏。游戏设计师会有意在设计游戏时，使玩家一旦掌握特定关卡或技能组合，便可晋级至下一关。在电子游戏中，当玩家出错时（例如车辆撞毁、坦克被摧毁，积分会停止累积），玩家会迅速获得反馈。若游戏过难，玩家们会感到沮丧而放弃；若太容易，则会感到厌倦而停止。成功的游戏已经找到了"恰到好处"的平衡，即让事情"刚刚好"。最优秀的教师也是如此，他们不会让学生的任务过于简单或过于困难。

我注意到，人们在某个领域掌握的知识越丰富，就越难记住自己第一次接触到该领域时学习的难度。他们也忘记了遗忘所学内容是多么容易。我认为最好的老师是能够设身处地为学生着想，了解他们的困惑所在，并知道哪些信息能够帮助他们理解和记忆。

顶尖的教育工作者具备丰富的教学策略，他们可以根据特定的学习需求来选择合适的策略。他们不会采用"一刀切"的方法，而是会根据学生的学习目标量身定制教学计划。值得庆幸的是，教育界已经确定了许多不同的教学方法，使教师能够将新的和更积极的教学形式引入课程，并会培养学生自主的学习能力。

引入新的教学方法（例如翻转课堂）和学习科学

读完本书后，你将会更好地认识到，本书中涉及的许多学习原则与一些新的教学策略非常契合，例如翻转课堂，合作学习，团队学习或问题学习。❶ 这些策略要求学生在课前而不是课后做好准备，然后教师负责构建课堂体验，不需要重复学生课前所学的内容，教师要做的是对课前的学习内容进行补充。

这些课堂体验要求学生对所学内容进行更深入的思考，应用这些知识解决其他问题，批判性地分析逻辑，并确定其在不同情况下的通用性。这些活动在传统讲课模式下是很难被教师纳入课堂，课堂上的主动学习体验以及各种可能性都会受教师想象力的限制。

对许多人来说，教育现代化意味着在课堂内外更好地利用技术。科技无疑增加了校外学习的机会，基于互联网的现代学习系统可以随时向世界各地的学生提供课程。它有可能将学习从高效的"课堂工厂模式"（即所有学生以相同速度、相同时间、相同方式学习相同内容）转变为根据学生个人需求进行的"个性化"学习模式。然而，技术如何解决学习科学中的"金发姑娘"问题，即为每个学生提供既不过难也不过易的教育，做到"恰到好处"还有很长的路要走。既然我

---

❶ 在我开始在杜克－新加坡国立大学医学院任教时，我们决定采用团队学习（Team-based learning，TBL）作为我们的教学策略。采用 TBL 的主要理由是它与学习科学一致。作为世界上首批成功将这种教学方法应用于整个预临床课程的学校之一，我们的教育成果促使新加坡其他学校以及美国杜克大学也采取了类似的举措。

们已经知道如何利用电子游戏技术来实现类似的目标，我相信这种个性化最终会进入我们的教学实践。

在引言部分，我提及了记忆和学习之间的差异。一些学生可以通过记忆技巧在学校取得好成绩，因为这通常是老师测试的内容。然而，在毕业后追求职业成功时，重要的是你所学到的知识，而不仅仅是你所记住的东西。强调学习而非记忆的教学方法将更好地为学生未来的发展做准备。

此外，我认为这些方法还应包含合作学习的要素，即学生共同解决问题。虽然现代社会人们通过互联网单独远程操作也能为社会创造价值，但是大多数人还是以团队成员的身份加入职场。在这种情况下，与他人合作解决问题的经验将成为成功的关键（图 10-1）。

我们大多数人都有过不愉快的团队合作经历。在这些表现不佳的团队中，我们能学到的东西很少，取得的成果也有限。如果在学校能正确构建合作学习体验，那么所有学生都能从中受益并学会团队合作技能，从而为进入职场做好准备。

我们过去认为团队协作技能很简单，不需要任何指导。然而，现在需要重新审视这一说法。观察任何一支成功的职业体育团队，他们都拥有一批杰出且天赋异禀的运动员，这些运动员在各自的运动项目上已经训练了大半辈子。然而，他们的成功仍然依赖于优秀的教练为他们提供反馈，告诉他们该如何与他人合作，同时最大限度地发挥自己的优势。同样，我们的教师在课堂上也应该以这样的方式对待他们的学生。

现在，你对学习科学有了更多的了解，一些最新的教育理念对你来说应该更有意义了。这种了解对于你充分利用这些新的教学方法并围绕它们制订学习计划至关重要。

图 10-1　罗伯特·龟井（Robert·Kamei）正在使用合作学习技巧授课，以加深知识的处理和理解。

在教育领域，我们为何如此固守传统？

尽管确凿证据表明我们的学习方式最为有效，但由于多种原因，我们的学校在实施教育项目时缺乏灵活性。首先，以科学为基础的教学方法改变了"教学"的整个理念。教师们说："我的老师从小学开始就用课堂讲课的方式教我。那怎么会是错的呢？""我更喜欢自己做主的课堂，学生们坐着听讲就好。"然而，对于这些人来说，时代已经改变了。

教师和学生往往相信一个误区，即教师应该尽可能让学生学习轻松。一些教师对我说："除非我亲自告诉他们，否则他们永远也学不会。"每当学生对我说："告诉我考试需要背什么就行了，为什么还要运用我们所学的知识做这些额外的工作呢？"如果他们学习的唯一目标是考试，那么这个问题问得很合理。然而，如果他们希望理解这些材料，并在未来职业中应用它们，那么他们就会从这些额外的工作中受益，这些工作会帮助他们更好地理解记忆内容。

此外，这些新的教学方法将更多的学习责任放在学生身上，而非教师（专家）。讽刺的是，尽管学生抱怨老师将工作推给他们，但老师却表示，"我哪里有时间去思考如何用不同方式进行教学？"和"如果我改变教学方式，该如何做呢？"。

创造积极的学习体验并在课堂中实施，比传统授课更具挑战性。在教学各个层面上，老师们面临各种时间压力，这也是教育改革遭遇巨大阻力的原因。我相信，如果教师知道他们的工作对学生能够产生影响，那么他们会愿意投入时间和精力，以不同方式进行教学。我们还需要教育领导者理解并重视最佳的学习方式，没有他们的全面支持，任何教学改革都难以成功实施。

然而，教育工作者在尝试突破传统教学实践时，常常会冒着职业生涯遭受重大损失的风险。相比之下，维持现状则更为安全。有一次，我在学校里实施了一种新的、更积极的教学形式。一位教师在此之后质问我："你不懂教育，也不知道自己在做什么。学生们恳求我给他们讲一讲他们需要知道的东西。要学的东西太多了，他们没有时间做其他事情，尤其是你还要求他们思考的额外事情。"

赞同本书中提到的学习误区的学生（以及他们的家长）往往会批评试图在教育上进行改革的老师。我可以理解学生们的担忧。他们认为学校成绩（而不是所学内容）对未来的成功至关重要。学生们认为老师的职责是提供可以消化、吸收并用于在记忆测试中取得好成绩的信息。当他们被要求自主学习或进一步加工老师传授的信息时，他们会指责老师没有尽职尽责。

学生们误解了这些创新，认为老师让他们的学习变得更加困难。然而，正如本书所指出的那样，他们忽略了一个事实：当老师成功地将"增加难度"融入教学计划时，对于学生的死记硬背和理解能力都有积极影响。

遗憾的是，大多数教师和学生对本书所呈现的信息并不了解。我坚信每一位个体（不仅限于学生和教师，还包括家长和教育管理者）都需要更深入地理解学习科学，以推动教育改革。阅读本书后，我真诚地希望你们能够理解我们支持的创新教学项目以及理由。对于学习者来说，什么是好的学习体验并不总是显而易见的。新的教学方式也是如此。即使一种新的教学方法是基于我们对学习科学的理解，它也不一定适合你的课堂。在一种环境中行之有效的方法可能在另一种环境中却行不通。因此，我们不能安于现状。我们仍然必须认真、持续地评估我们的教学计划，以实现最佳的学习效果。

如果老师不愿或无法改变课堂，学习者该怎么办？

我必须承认，对于这个问题，我首先想到的答案是：将本书赠送给您最喜爱的教师或教育管理者！

我希望本书的众多读者是教师。教师需要更具策略性地学习，当他们了解学习时，也会帮助学生学习。尽管本书主要关注学习方法，想要获取更多优质教育研究信息，请参阅附录。

正如我们之前讨论的那样，人类大脑在可能的情况下天生倾向于节省能量。因此，我们本能地希望偷懒或找到任务完成的捷径，被动学习似乎是与生俱来的。然而，我发现最优秀的学生已经意识到他们需要克服这种倾向，并且他们认识到尽管有偷懒的诱惑存在，努力学习仍然是一种有效的学习策略。

如果学生发现自己身处旧式的"传统课堂"，也不必失望。学生可以利用本书中的建议，将传统、被动的讲授式教学转变为主动学习的机会。例如，学生可以在课前阅读必读章节，而不是等到下课后才复习。当讲课内容涉及这些信息时，他们已经提前开始组织材料，从而更容易建立额外的联系和记忆编码。

在进一步听课时,可以提出问题(举手或在笔记空白处默写),或者尝试用自己的话做笔记(甚至画图或制作思维导图),而不是逐字逐句地记下老师讲的内容。在答疑时间抽空与教授见面。

你还可以组织一个学习小组。在学习小组中讨论教材的时间会加深你对教材的理解,尤其是当你帮助他人理解时。正如我的一位教授常说的那样,"教是为了更好地学"。

虚拟课堂学习

数十年前,首批电子书(即"e-book")问世。当时,它们只是将书页的图像呈现在计算机屏幕上,而不是以纸质实体的形式存在。最初,电子书和纸质书籍几乎没有区别,唯一不同的是,电子书为学生提供了比纸质书籍更广泛的文献资源。电子书发展至今已具备将句子与书中其他信息以及互联网链接相结合的能力,同时还可以嵌入视频、提供笔记功能,并跟踪读者的进度和理解情况。同样,当教师们急于将传统课堂虚拟化时,也出现了类似现象。之前习惯被动授课的教师,现在只能通过视频会议平台向学生传递讲课内容,而学生则被动地坐在电脑前听讲。然而,对于希望提供更积极学习体验的教师来说,在虚拟环境中与学生互动变得更加困难。他们无法轻易观察到学生面部的困惑或倦怠表情,而且缺乏适当的技能来有效地组织协作小组式的在线学习活动。

老师们急于将线下课程转换为在线授课模式，又没有时间或精力帮助学生解决在线学习中遇到的问题。学生们不懂得该如何向老师提问，也没有机会在课堂上和同学商量。由于他们在线上课堂上无法交到朋友，导致错过了合作学习的机会。还有很多学生家里缺乏合适的场所来开展虚拟课堂。在家中舒适的环境学习的学生们往往不适应处理家庭环境带来的干扰，而且有些学生缺乏自我调节学习状态所需的工具。

面对新的学习挑战，成功应对的学生是那些具备快速适应新环境的能力和解决问题的人。这些学生已经拥有了一套策略性的学习方法。例如，如果他们发现自己在家里面临各种干扰而很难开始写作业，就会利用"如果……那么……"技巧来克服拖延。有些学生可能对在线视频讲座的内容感到困惑和沮丧，他们会意识到可以通过课前预习和绘制思维导图来解决此问题。他们还会设定挑战，至少在课堂上提出一个可以讨论的问题。另外一些学生认识到，通过创建小规模面对面的学习小组可以弥补上课时缺少的人际互动。

通过本书中学到的工具，你现在已经掌握了全面的方法，无论你面临的是哪一类的学习挑战，这些工具和方法都将为你提供指导。

来自父亲的经验

回顾过去作为学习者的经历时，我首先想到的是几年前

第十章 现代化教育：提升学习效果

去世的父亲，他是我的学习榜样。虽然我并不了解他求学过程中的所有细节，但我有幸听到一些他的故事。身为他的儿子，我感到无比自豪，我认为父亲是我认识的人中最优秀的一个。父亲在农场长大，是家里第一个也是唯一一个上大学的人。他的六个兄弟姐妹经常抱怨他因为读书而耽误了农活。因此，每次读书时，父亲都要躲着他们。

在第二次世界大战爆发时，他和他的家人以及居住在美国西海岸的12万其他日裔美国人被指控叛国。随后，他们被迫离开家园，被强制关押在美国偏远地区的拘留营。当时我的父亲还是一个十几岁的孩子，他的家人最终被安置在亚利桑那州沙漠中的一个拘留营里。由于营地里不一定有高中老师，父亲告诉我，他常常在上数学课前先自己读一遍课本，然后把所学的知识教给同学们。❶

"二战"结束后，他加入了美国陆军担任医疗人员。在服役期间，他申请了美国顶尖的科学与工程大学——加州理工学院。不幸的是，由于他在海外服役，无法参加该校要求的入学考试。然而，加州理工学院破例允许他延迟参加考试。尽管他只有一个临时的、不被承认的高中学历，并且参加的还是替代入学考试，但最后仍被加州理工学院录取为正式

---

❶ 当我第一次听说我父亲每天都要教他的同学数学时，我为他感到难过。然而，我逐渐意识到这实际上是他教育生涯中的一份礼物，也是他学术成功的一个重要因素。如果你能教会别人一些东西，那么你对该材料的学习已经达到了更为深入和全面的层次。

学生。

加州理工学院在我父亲身上的投入最终也得到了回报，他获得了化学工程学士和硕士学位。父亲接受的教育使他能够运用所谓的第一原理进行思考，自亚里士多德时代以来，第一原理思维就已存在，这种方法通过将问题分解并还原为最基本的元素或假设来解决复杂问题。毕业后我父亲开始在航空航天行业工作。他从事冷却飞机驾驶舱仪器的工作，防止其过热和损坏。他凭借对热力学基本原理和热传递的深刻了解，成功解决了那些问题。

在我父亲的职业生涯中，没有互联网可以检索最新的技术和设计信息，也不可能借鉴其他地方的解决方案来应对工作中的问题。他偶尔也会参加与工作相关的会议，但在私营企业中大部分工作都是公司机密，不会广泛分享。毫无疑问，在他的工程师生涯中，他学到了许多新思想，但与我们今天相比，他接受持续正规教育的机会要少得多。

他与同事紧密合作，与团队集思广益，在实验室共同探讨问题。他的聪明之处在于能够清晰地思考问题，并利用在大学里学到的第一原理解决问题，而不是死记硬背细枝末节的事实。在没有互联网的情况下，他也能快速发现别人解决类似问题的方法，并找到最适合他的解决办法。

今天，我们面临着改革教育的重大挑战。我父亲的学习经历和职业生涯影响了我对教育的看法。我们很幸运地拥有他没有的资源——大量即时获取的信息。我们可以参加无数的在线课程，以保持对最新创新知识的了解。通信网络使我们能够轻松与本领域其他专家交流。然而，在将这些技术进步应用于教育改革时，不应该忽略过去优秀的教育方式。

我们需学习如何将所学基本原理应用于实践并加以回忆。在学校我们不应该简单地从网络上复制粘贴答案来回答问题，即使这种做法对学生来说可能更具吸引力和便利性。未来最成功的工作者将通过在学校努力实践，思考新方案来磨炼自己的技能。他们不会满足于仅仅寻找他人的答案来解决自己的问题。

总结：第十章

高校学生对教学创新的成功与否具有相当大的影响力，因此他们的意见至关重要。本书介绍的学习科学的知识可以指导学生倡导教师在课堂上采用更多的实证教学实践。了解这些创新教学方法的科学依据，也能让学习者在课程中运用这些方法时获得更多收获。

本书描述的策略型学习方法，可以帮助学生应对如适应虚拟在线学习环境等各种学习挑战。

结 论

最后的思考：思想的力量

> **⚠ 误区** ｜ 我对于自身学习能力的认知并不重要。关键在于我的智商和学习计划。
>
> **✅ 真相** ｜ 你对自己的认知会对你在学校的学习和表现产生重大影响。

如果你已经花时间读到了这本书的结论部分，那么你可能会相信，采用策略型学习方法可以提高你的学习成绩，甚至超越你的学习天赋。除了个人天赋、勤奋和有效学习方法外，其他一些强大因素也会影响学习。大量可信的研究表明，多种心理因素会对学习能力产生影响。

由于我在大学一年级时有过类似经历，因此我对这些研究结果深有共鸣。我修了一门与我专业相关的基础物理课程，这段经历彻底改变了我对学习的看法。尽管物理并不是我最初特别感兴趣的学科，但我很欣赏教授的课程组织方式，并激发了我的思考。他在教育学生方面非常用心，同时将自己的教育理念付诸实践，这让我印象深刻。

令我非常失望的是，我在期中考试中表现不佳，勉强得

元认知循环：战略学习之旅

了个 C⁻ 的成绩。❶ 我本以为我对这些材料的理解比这个分数所反映的要好得多。因此，我担心这门课会拉低我的绩点分，影响我进入医学院的机会。快到期末考试时我感到很沮丧，因为期中考试成绩不佳，所以我非常担心自己的分数。

我的教授介绍了期末考试的安排：考试将从简单题目开始，逐渐增加难度。最后一道题将非常具有挑战性，被视为"额外奖励"题。如果回答错误，该题不计入总分，但如果答对，就可以提高成绩。

我永远都会记得当时紧张地坐下并翻开测试卷。看了第一道"最容易"的题，读完后我的大脑一片空白，什么都想不出来。这种情况在我的人生中从未发生过。我非常惊讶，冷静下来心想，我还是先做下一题，稍后再回来做这第一道题。令我极度惊恐的是，我看了下一道题，还是不知道如何回答这个问题。然后我迅速看下一题，再下一题，结果都一样。试卷快要做完了，我却一道题都没答出来。我开始惊慌失措。

我决定去趟洗手间。倒不是真的需要为了上厕所，而是需要离开考场让自己冷静下来。坐在洗手间的隔间里，我深呼吸几口，告诉自己我可以做到。我理解这些教材，一定能够完成考试。

---

❶ 在这门课程中，斯坦福大学的学生从未获得低于"C⁻"的成绩。通常情况下，他们会在课程结束前选择主动退出。换言之，我在那次考试中表现非常糟糕。

结　论　最后的思考：思想的力量

　　最后，在考试时间只剩一半时，我终于决定回到考场。唯一一道还没看的题目是那道很难的加分题。我决定接下来先做这道题。突然，一切都变得清晰起来，储存在我大脑中的物理知识终于开窍了。当我回答那道题时，我意识到我的答案肯定是对的。有了信心后，我翻回试卷前面的页面，很快就解决了最初难倒我的第一个问题。因此，我提前完成了整个考试，而且时间还很充裕。

　　第二周我去查询考试成绩（当时我们的成绩张贴在教室外，为了保密，不能展示名字而是通过我们的学号来辨识身份），我发现我在这次考试中取得了班级第二高的分数，最后额外加分题使我的成绩变成了班级最高。最终我的课程总成绩是 A^-，这让我非常高兴，因为我的第一次期中考试成绩并不理想。

　　在大学时，我再也没有哪次单独考试的成绩能赶得上那次的物理考试。这次的经历让我深有感悟，认识到自己的情绪和态度对学习成绩产生的影响。从那以后，我再也不敢低估它的力量。因此，在后来的考试中，我不会在进考场前把最后一点信息硬塞进脑子里，而是头天晚上按时睡觉，第二天早早起来让自己保持平静，集中精神，并想象自己能成功地完成考试。

> **活动：通过电子邮件提供建议**
> （大约时间：10 分钟或更长）
>
> 想象一下，你的弟弟（妹妹或朋友）在学校的数学课上学的很吃力。他开始灰心丧气，觉得自己不属于这个学校。在他看来，同学们与他大相径庭，他很孤独。他给你写了一封邮件，征求你的建议。你在给他的回信中会说些什么呢？
> 目标：深入探究感情因素对学业成绩所产生的影响。
> 操作：给他写一封回复邮件（至少 1 至 2 个段落），给出你的最佳建议，包括阅读这本书后形成的任何想法或者策略。

成长心态与刻板印象

"一个人可以选择回到安全之地，或是迈向成长之路。成长必须一次又一次地被选择；恐惧必须一次又一次地被克服。"

——亚伯拉罕·马斯洛（Abraham Maslow）

教育研究证实了我个人经历所体现的强大影响力。其中一个最重要的发现是，那些把自己的学业成功归因于天生的、不可改变的或"固定"智力的人，在学业上的表现不如那些相信自己的智力可以"成长"的人。后一类人认为，他们遇到的任何挫折都是由于时间限制，所以随着时间的推移会有所改善。这种观点通常被称为"成长型思维模式"，它影响你在生活中发挥最大潜能的能力。如果你选择将这本书读完，那么你就拥有了成长型思维模式。

结　论　最后的思考：思想的力量

将成长型思维模式与你认为值得追求的目标愿景、有效学习策略以及元认知循环的其他部分结合起来，对你的策略型学习至关重要。成长型思维模式令人欣慰的是它认为失败只是暂时的，并不是终点，失败只是成功之路上的一部分。它鼓励你寻求新的挑战，将其视为学习的绝佳机会，而不是逃避风险。同时，它提醒你要坚持不懈地努力，不断追求更高的标准。成长型思维模式所产生的态度能强有力地激励你提升学习能力。

正如我前面所讲的，与优秀学习者的一个关键区别在于，他们可以从不可避免的挫折中去学习。如果事与愿违，优秀的学习者就会利用类似"全面学习框架"的方法找出问题所在，然后尝试另一种学习方法。他们不会放弃，不会认为自己不适合学习，也不会认为自己学得快。他们只是对自己说："我只是还没有想出最好的学习方法"。

相信自己能提高成绩的同时，也有证据表明事实恰恰相反：你的想法会极大地限制你的成绩，这取决于你对自己的消极信念。有关他人负面刻板印象对成绩影响的研究被称为"刻板印象威胁"。我们往往会"遵循或违背"他人对我们抱有的刻板印象行事。结果，我们开始相信这些刻板印象也适用于自己。

这种影响甚至在潜意识层面产生。例如，一些人认为女性天生不擅长数学和科学。研究表明，如果在考试前告知考试没有性别偏见，女学生的成绩就会更好。尽管这一研究的有效性仍存在争论，但大多数人认为，除了智力外，许多因素似乎也对学习成绩起着重要作用。

同样，我看到新加坡国立大学的学生们也在经历一些非常负面的自我对话。当我询问他们是什么阻碍了他们实现学业目标时，最常听到的理由是他们觉得自己"太懒"，做不好。我知道，能够进入新加坡的一流公立大学，这些学生一定非常努力，并不懒惰。也许他们对自己苛刻，是为了激励自己表现得更好。不幸的是，消极的自我调侃也会导致学习动机减退和学习成绩下降。

现在再看一下你做过的"通过电子邮件提供建议"这个活动，并且重新读一读你所写的内容。这里面有没有什么建议是你自己可以采用的？

无论是缺乏自信、刻板印象威胁，还是拥有固定思维模式，我建议你多了解一些能够提高或降低学习成绩的心理学知识。本章只能大致介绍这些影响学习的因素。除了上文提到的卡罗尔-德韦克（Carol Dweck）所著的《终身成长》（*Mindsets*）一书外，其他了解这一主题的好地方包括一些知名学者所著的书籍：安杰拉·达克沃思（Angela Duckworth）的《坚毅》（*Grit*）和克劳德·斯蒂尔（Clade Steele）的《刻板印象》（*Whistling Vivaldi*）。我在本书中提到的文献资料也是了解这方面学习的好方法。

结　论　最后的思考：思想的力量

你的学习策略

多年来，现在我和我的家人也相信，在追求学术以外的其他追求时，与家人和朋友保持平衡生活的重要性。我曾认为，想要学得更多的唯一方法就是找到或创造更多时间来学习。然而，我几乎从未听说有人会抱怨自己有过多空闲时间，不知道该如何打发。同样，我还未见过有谁能在一天中创造出额外的一小时。我相信时间是我们最宝贵的资产。如果拥有更多时间，我们无疑可以学到更多知识，进行更多的锻炼，以及与亲友共度更多欢乐时光。因此，提高学习效率应该是每个人的目标。正如我常对学生们强调的那样："好好利用时间，努力学习，但不要浪费时间！"

对我来说，最成功（也最快乐）的学生既不是最勤奋的，也不是最聪明的，而是那些最有策略的。他们设定对自己有意义的目标，而不是为了别人或社会的期望。尽管他们经常能实现这些目标，但他们不一定取得最好的成绩。相反，他们取得的成绩最符合他们的个人目标。更重要的是，他们在学习中最大限度地提高了效率。因此，鉴于他们的个人目标和能力，他们达到了自己的最佳状态。无论他们选择以何种方式定义成功，他们都掌控着自己的成功。

我希望读完本书后，你能意识到影响你学习能力的因素比你最初想象的要多。提高学习能力的最佳途径就是采取一种策略性、全面性方法。

运用本书学到的知识，你不会后悔所付出的努力。毫无疑问，本书的内容并非全部与你相关，部分内容可能对你的帮助会大一些。关键的是，如何更好地实施适合你自己的学习计划。不断庆祝自己的小成就，原谅自己的失败，持续调整，直到达到"恰到好处"的状态。

我特别鼓励你们坚持自己的人生理想。我的另一个愿望是，你们要继续为自己选择改变，而不是因为恐惧而困在原地，重复做着同样的事情。在一生中，我们通常会为没有尝试某些事情而后悔，而不会因为尝试后失败感到后悔。现在你已经掌握了这种策略学习方法，它将帮助你规划所需的变化和步骤，从而取得终身学习带来的成就。

"活则如同明日将死，学则如同永远活着。"

——圣雄甘地（Mahatma Gandhi）

若本书的任意部分对你有所触动，诚望你与我分享。我能从你的经历与评论中获益。

祝你在终身学习的道路上一帆风顺！

附 录

附录 A

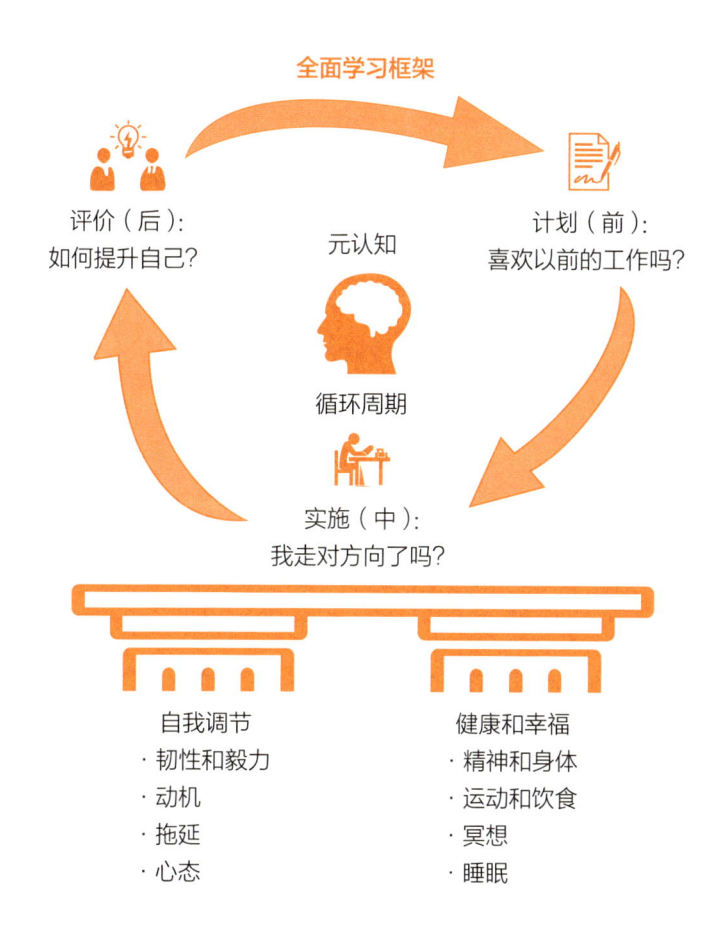

全面学习框架

评价（后）：
如何提升自己？

计划（前）：
喜欢以前的工作吗？

元认知
循环周期

实施（中）：
我走对方向了吗？

自我调节
· 韧性和毅力
· 动机
· 拖延
· 心态

健康和幸福
· 精神和身体
· 运动和饮食
· 冥想
· 睡眠

虽然这张图已经在书中多处出现，但我还是再放一份在这里，便于记录那些对你们有意义的想法，并将其落实到你们的学习计划中。我建议在框架的相关部分旁边写下一两个你们接下来最希望尝试的学习策略。此外，你可能会发现，在笔记中加入相应的页码会更容易记录这些想法。

附录 B

思维导图是不同概念、项目和任务与一个中心概念或主题之间关系的可视化呈现。它采用分支分层式结构，将复杂且非线性的信息有序地组织、存储和审阅，有时会借助不同的线条、颜色或图像来提供附加的组织结构或信息。思维导图可用于记录讲课笔记或复习以前学过的主题。我特别喜欢思维导图，因为可以不受限制按照任何顺序在其中放置项目，所以说是一种有助于集思广益的新创意技术。

思维导图可以很轻松地用纸张和铅笔创建。还有许多免费的和商业化的软件程序也可以帮助创建更大的思维导图或者重新组织和编辑分支。虽然有些思维导图可能会变得特别复杂和庞大，但实际上没有一种"正确"的创建方法。你只需要找到最适合自己的方法即可。

附 录

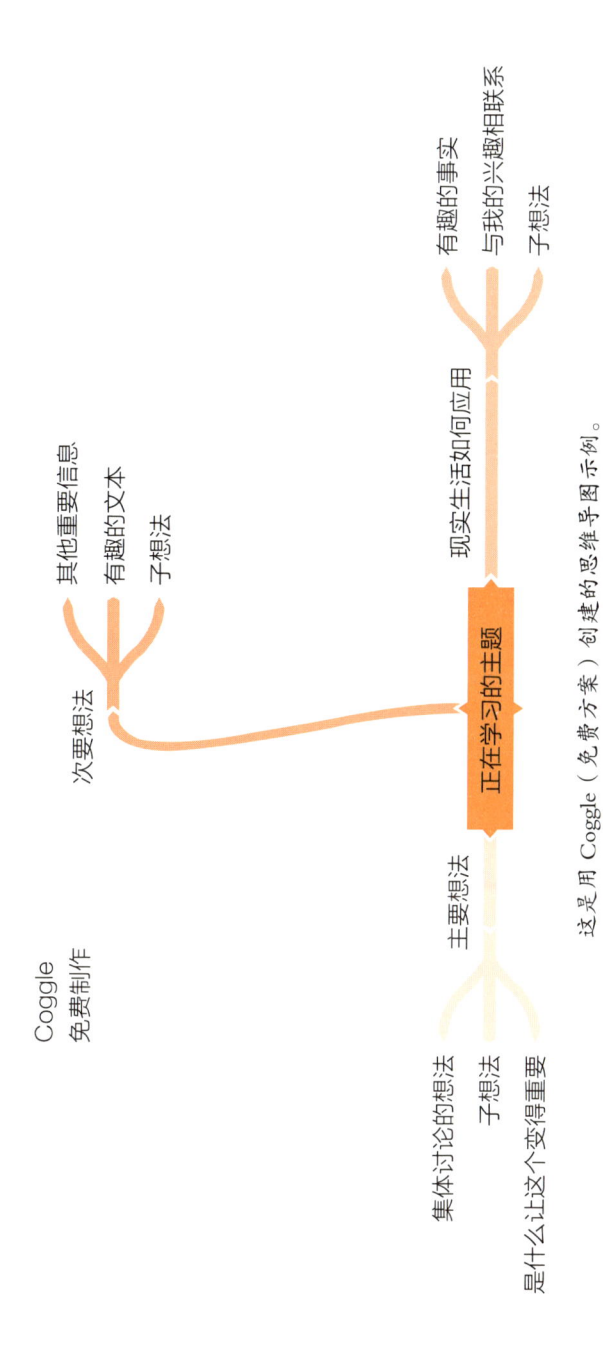

Coggle
免费制作

主要想法
次要想法
其他重要信息
有趣的文本
子想法

正在学习的主题

现实生活如何应用
有趣的事实
与我的兴趣相联系
子想法

集体讨论的想法
子想法
是什么让这个变得重要

这是用 Coggle（免费方案）创建的思维导图示例。

201

附录 C

制定团队章程对于任何学习小组来说都是一种很好的做法。这可以为团队设定基调，包括成员之间如何坦诚交流。制定团队章程有助于在一开始就处理每个成员对团队的不同期望，这要比成员们在一起工作一段时间后才发现他们对小组有不同想法要容易得多。

我附上了一份团队章程，与我们在杜克大学新加坡国立大学医学院使用的类似。因为我们的课程以团队合作为中心，（这是医学实践中的一项重要技能）所以我们正式采用这一章程，并要求所有成员在上面签字。你可以将这份章程作为指导小组最初对话的指南。互联网上有各种学习小组团队的章程，如果你希望看到不同的章程就可以在网上搜索。

续附录 C

研究团队章程

目的（愿景）：写几句话，描述你们作为一个团队存在的原因，以及你们打算共同实现的目标。

运行原则：为了实现个人和团队期望的结果，你们同意哪些具体行为和操作原则？

沟通（你们同意哪些基本的沟通准则？你们将如何给予和接受反馈？）

领导能力（团队需要何种领导/管理需求？例如，设定会议时间、议程、其他类型的沟通。领导地位将如何确定/划分？）

协调（如何分担团队成果的责任和义务，并确保每个人都保持一致？）

社区：你希望创建超出团队范畴的何种团队文化/网络和关系？作为个人和团队，你们将如何相互支持以保持专注和平衡？

协作（你将采取何种方式分享各自的想法，并保证每个人均有所贡献且其意见得以聆听？你又将如何评估这些想法并做出决策？）

了解团队（如何发现并充分利用团队中的成员的不同个性、优势、知识、技能和才能？）

冲突（你将如何确保团队成员能够畅所欲言地表达自己的观点？你将如何解决意见分歧、执行操作原则以及认识到文化和个人偏好？）

203

附录 D

制订学习计划有多种形式，可以是非正式或正式的程序。形式不重要，只要对你有用即可。任何计划都在提醒你制定重要的理想目标和具体的 SMART 目标。写下这些目标后，你才有可能更努力地去实现它们。此外，大多数学生的学习计划仅涵盖即将到来的学期。虽然理想目标一般不常变化，但 SMART 目标应该经常调整。你的策略学习计划文档不应被认为是已完成的，而应被当作一项随着时间推移不断变化的工作。

对于那些希望在如何最有效地记录学习计划方面获得指导的人，我在下面提供了一个循序渐进的示例，其中包括目标设定、完成元认知循环、考虑自我调节和健康与幸福的学习基础。这是我们用来指导学生学习新加坡国立大学课程的格式，同时附有一份日程表，对于规划如何完成你的计划很有帮助。我建议你先从小的方面开始入手，一开始不要对这个计划过于雄心勃勃。不要把 SMART 目标定得太完整，否则你可能会有成千上万个目标。也许一开始你只需要选择一两个优先考虑的 SMART 目标。当然不要忘记考虑阻碍你实现目标的因素。

由于学习计划随着时间的推移而不断发展，以下提供了三个版本的学习策略样本。每个版本代表元认知周期中的不同时期。如果你觉得这种版式对你有帮助，可以从我的网站里下载空白模板。

可以考虑与你信赖的朋友、亲属或老师共同审阅你的学习计划。他们可以帮助你保持执行计划的动力，并为你提供适当的调整建议。

元认知循环：战略学习之旅

策略性学习计划范例

第一步：设定目标

确定你的理想目标［你一生的理想是什么？你希望在今年年底（或更长的时间）实现什么目标？］

示例：

1. 因学业成绩登上院长优秀生名单
2. 改善健康状况，并在今年的某个时候完成一场铁人三项比赛
3. 考入医学院并成为一名医生

确定一套 SMART 目标：（是具体的、可衡量的、可实现的、相关的、有时限的吗？）；这些目标应直接对应一个或多个理想目标。

示例：

1. 在这学期的物理学习中实行分散学习，而非在最后一刻临时抱佛脚。
2. 创立一个学习小组，帮助我更好地理解什么是历史这学期中最重要的问题。
3. 提高自我激励能力，探究为什么我这学期上的课与我的理想目标相关。
4. 每周去健身房在跑步机上锻炼 3 次，每次 1 小时。
5. 在即将到来的学期中，学习历史时尽量减少干扰，不玩手机，以提高专注力。

第二步：选取上述 SMART 目标中的几个目标，填入"学习计划"的第一栏。在"计划"栏中添加你打算用来实现这些 SMART 目标的想法和学习策略。也可以考虑将你的计划保存在学习日程中，这样更容易遵循。我建议在每个学期开始时完成这一步骤。

学习计划：策略工作文档（规划阶段）

更新时间：2020 年 8 月 19 日

206

续表

全面学习框架			元认知循环	
SMART 目标	计划	实施		评价
	学习策略			
1. 在我的物理课上实施分散学习	在我的日程表中妥善规划好日期/时间以及我将要学习的章节，并且最后的学习时段处于期末考试开始前的 24 小时之内。			
2. 创建历史学习小组	邀请另外三位同学加入我的学习小组。我们可以讨论本周课程中的要点。每节课后，我都会奖励自己一杯最喜欢的浓咖啡。			

207

续表

全面学习框架			元认知循环	
SMART 目标	计划	实施		评价
自我调节				
3. 通过增强学习的内在动力,提高自我激励能力	研究为什么本课涉及的材料对我未来的职业生涯很重要。在上课的第一周,我将花费1个小时在合歌上搜索,并与教授讨论我的发现。			
健康与幸福				
4. 以完成"铁人三项"为理想目标来改善我的整体健康状况	如果我没有提前把去健身房列入日程,那我绝对不会去的。			
5. 学习历史时提高专注度	学习历史时把手机放在书包里,这样就不会想着去看手机了。			

208

续表

第三步：在本学期的某个时间点，在"实施"栏中记录你的计划进展情况。此时你无须对计划做出任何重大更改。

学习计划：策略工作文档（实施阶段）

最后更新：2020年10月19日

全面学习框架		元认知循环	
SMART 目标	计划	实施	评价
	学习策略		
在物理课上采取分散学习	妥善规划好日期/时间，以及我将要学习的章节，并且最后的学习时段处于学期末考试开始前的24小时之内。	我发现每次都无法完成想要学习的内容，不得不花费更多时间，大多数情况下阅读或重读这些材料。	
创建一个历史学习小组	邀请另外三位同学加入我的学习小组。我们可以讨论本周课程中的要点。每节课后，我都会奖励自己一杯最喜欢的浓咖啡。	虽然很容易找到有兴趣组成本学习小组的同学，但很难找到共同的见面时间。	

附 录

209

续表

全面学习框架		元认知循环		
SMART 目标	计划	实施	评价

自我调节

SMART 目标	计划	实施	评价
通过增强学习的内在动力，提高自我激励能力	研究为什么本课涉及的材料对我未来的职业生涯很重要。在上课的第一周，我将花费1个小时在合歌上搜索，并与教授讨论我的发现。	我很想更深入地了解这一主题，但很难鼓起勇气与教授见面进行商榷。	

健康与幸福

SMART 目标	计划	实施	评价
以完成"铁人三项"为理想目标来改善我的整体健康状况	如果我没有提前去健身房列入日程，那我绝对不会去的。	我完成了预定课程的75%，然而，有时突发状况使我无法参与课程。	
学习历史时提高专注度	学习历史时把手机放在书包里，这样就不会想着去看手机了。	我有实现这个目标的能力，不过我没马上接电话，我妈妈就生气了。但对我的历史课来说，我觉得已经准备得更充分了。	

210

续表

第四步：在预定时间（通常在学期结束后）评估目标、计划和实施情况。采用"3R"法，即回顾、反思和修订。之后，开始编写新的策略工作文档。

学习计划：策略工作文档（评估阶段）

最后更新：2021年1月5日

全面学习框架			元认知循环	
SMART目标	计划	实施		评价
学习策略				
在物理课上采取分散学习	妥善规划好日期/时间，以及我将要学习的章节，并且最后的学习时段处于期末考试开始前的24小时之内。	我发现每次都无法完成想要学习的内容，不得不花费更多时间，大多数情况下阅读或重读这些材料。		我原以为我在这门课程中能表现得更好。下学期，我会规划更多的时间来学习这门课，并且多做一些我在网上找到的测试题。
创建一个历史学习小组	邀请另外三位同学加入我的学习小组。我们可以讨论本周课程中的要点。每节课后，我都会奖励自己一杯最喜欢的浓咖啡。	虽然很容易找到有兴趣组成学习小组的同学，但很难找到共同的见面时间。		该学习小组在我们能碰面时真的帮到我很多。我很期待见面，尤其是因为见面后还喝了咖啡。下次我会选择那些同样优先考虑这种学习策略的人。

续表

		自我调节	
通过增强学习的内在动力，提高自我激励能力	研究为什么本课涉及的材料对我未来的职业生涯很重要。在上课的第一周，我将花费1个小时在合唱上搜索，并与教授讨论我的发现。	我很想更深入地了解这一主题，但很难鼓起勇气与教授见面进行商榷。	我不会因为没有见到教授而自责，但首先应该在下课时尽量提一个问题。

		健康与幸福	
以完成"铁人三项"为理想目标来改善我的整体健康状况	如果我没有提前把去健身房列入日程，那我绝对不会去的。	我完成了预定课程的75%，然而，有时突发状况使我无法参与课程。	我参加了很多对我来说那么重要的社交活动，而没有进行锻炼。我也会尝试规划其他的锻炼时间，以防止错过其中的机会。
学习历史时提高专注度	学习历史时手机放在书包里，这样就不会想着去看手机了。	我有实现这个目标的能力，不过我没马上接电话。但对我的妈妈就生气了。但对我的历史课来说，我觉得准备得更充分了。	我的历史成绩有所提高。在学习到期间，我会安排更多的休息时间。当我无法用电话联系时，我需要告知家人。

附录

我的学习计划日程表：2020年10月

周日	周一	周二	周三	周四	周五	周六
			1	2	3	4
			物理 （上午8:00—11:00） 物理测验 （晚8:00—11:00）	健身 （上午8:00—10:00） 历史学习小组 （上午10:00—12:00） 历史 （下午2:00—4:00）	物理 （上午8:00—11:00） 物理学习小组 （下午15:00—16:00） 和朋友逛街 （晚6:00—11:00）	和朋友逛街 （晚6:00—11:00）
5	6	7	8	9	10	11
健身（9:00—10:30）	物理 （上午8:00—11:00） 物理咨询 （下午3:00—4:00） 历史课前准备 （下午4:00—5:00） 物理复习1-2章 （晚上7:00—10:00）	历史 （下午2:00—4:00） 物理作业 （下午4:00—6:00） 健身 （晚上7:00—8:30）	物理 （上午8:00—11:00） 物理测验 （晚8:00—11:00）	健身 （上午8:30—10:00） 历史学习小组 （上午10:00—12:00） 历史 （下午2:00—4:00） 物理作业 （下午4:00—6:00）	物理 （上午8:00—11:00） 物理学习小组 （下午3:00—4:00） 和朋友逛街 （晚6:00—11:00）	和朋友逛街 （晚6:00—11:00）
12	13	14	15	16	17	18
健身（上午9:00—10:30）	物理 （上午8:00—11:00） 历史课前准备 （下午4:00—5:00） 物理复习3-4章 （晚7:00—10:00）	历史 （下午2:00—4:00） 物理作业 （下午4:00—6:00） 健身 （晚上7:00—8:30）	物理 （上午8:00—11:00） 物理测验 （晚8:00—11:00）	健身 （上午8:30—10:00） 历史学习小组 （上午10:00—12:00） 历史 （下午2:00—4:00） 物理作业 （下午4:00—6:00）	物理 （上午8:00—11:00） 物理学习小组 （下午3:00—4:00） 和朋友逛街 （晚6:00—11:00）	和朋友逛街 （晚6:00—12:00）

续表

我的学习计划日程表：2020年10月

周日	周一	周二	周三	周四	周五	周六
19	20	21	22	23	24	25
健身 （上午9:00—10:30）	物理复习5—6章 （上午9:00—12:00）	物理复习7—8章 （上午9:00—12:00） 健身 （晚7:00—8:30）	物理复习9—10章 （上午9:00—12:00） 物理测验 （晚8:00—11:00）	健身 （上午8:30—10:00） 历史学习小组 （上午10:00—12:00） 物理复习11—12章 （晚9:00—12:00）	物理学习小组 （下午3:00—4:00） 和朋友逛街 （晚6:00—12:00）	和朋友逛街 （晚6:00—12:00）
			阅读/复习周			
26	27	28				
健身 （上午9:00—10:30）		健身 （晚7:00—8:30）				
			考试周			
29	30	31				
历史期末考试 （下午2:00—4:00）	健身 （上午8:30—10:00） 物理期末复习 （晚6:00—11:00） 早睡时间（晚11点）	物理期末考试 （上午8:00—11:00）				

214

附录 E

对于那些正在阅读本书并且渴望提升自身学习能力以及指导学生如何学得更好的教师们来说，我很高兴你有兴趣学习我们所掌握的最佳科学学习方法。关于人们如何能达到最佳学习效果的研究一直很多。我希望并期待，随着我们对学习的进一步了解，本书的许多内容都会过时。

显而易见，本书所涉及的帮助学生成为更好的学习者的方法只是影响他们学业成绩的一种途径。老师的教学方式、为学生选的课程以及所采用的教学策略确实存在差异。那些有兴趣了解学习方法和学习效果的人，可以找到一些非常有用的免费资源。我建议从美国教育部主办的"有效性证据库"网站开始。该网站包含有关教育计划、实践和政策研究的重要评论，旨在帮助教育工作者获取更多来自这些研究的信息。

另一项综合性资源为约翰·哈蒂教授（John Hattie）所著的《可见的学习：与成就相关的800多项元分析之综述》（*Visible Learning: A Synthesis of Over 800 Meta-analyses Relating to Achievement*）。这本优秀的著作是一本"教育研究评论综述"，该书展示了特定类型的教育科学文献，即"元分析"，对涵盖同一主题的研究论文进行批判性剖析，并以特定方式加以整合，以提高所得出的结论的可信度。因此，他估计他的著作中包含了超过5万项个体研究的数据。

参考文献

Alter, A. L. (2013). The benefits of cognitive disfluency. *Current Directions in Psychological Science*, 22(6), 437–442.

Ang, J. (2020). Singapore IB students make up half of world's perfect scorers. *Straits Times,* Jan 4. Retrieved from https://www.straitstimes.com/singapore/education/ spore-ib-students-make-up-half-of-worlds-perfect-scorers.

Ariga, A., & Lleras, A. (2011). Brief and rare mental "breaks" keep you focused: Deactivation and reactivation of task goals preempt vigilance decrements. *Cognition*, 118(3), 439–443.

Avila, C., Furnham, A., & McClelland, A. (2012). The influence of distracting familiar vocal music on cognitive performance of introverts and extraverts. *Psychology of Music*, 40(1), 84–93.

Ball, K., Berch, D. B., Helmers, K. F., Jobe, J. B., Leveck, M. D., Marsiske, M., & Tennstedt, S. L. (2002). Effects of cognitive training interventions with older adults: A randomized controlled trial. *Jama*, 288(18), 2271–2281.

Becker, M. W., Alzahabi, R., & Hopwood, C. J. (2013). Media multitasking is associated with symptoms of depression and social anxiety. *Cyberpsychology, Behavior, and Social Networking*, 16(2), 132–135.

Bjork, E. L., & Bjork, R. A. (2011). Making things hard on yourself, but in a good way: Creating desirable difficulties to enhance learning. In *Psychology and the Real World: Essays Illustrating Fundamental*

Contributions to Society, M. A. Gernsbacher, R. W. Pew, L. M. Hough, J. R. Pomerantz (eds.), 59 – 68, Worth Publishers: New York.

Cepeda, N. J., Pashler, H., Vul, E., Wixted, J. T., & Rohrer, D. (2006). Distributed practice in verbal recall tasks: A review and quantitative synthesis. *Psychological Bulletin*, 132(3), 354.

Chu, S., & Downes, J. J. (2002). Proust nose best: Odors are better cues of autobiographical memory. *Memory & Cognition*, 30(4), 511 – 518.

Chua, A. (2011). *Battle Hymn of the Tiger Mother.* Bloomsbury Publishing: London.

Cialdini, R. (2016). *Pre-suasion: A Revolutionary Way to Influence and Persuade.* Simon and Schuster: New York.

Cowan, N. (2008). What are the differences between long-term, short-term, and working memory? *Progress in Brain Research*, 169, 323 – 338.

Cuevas, J. (2015). Is learning styles-based instruction effective? A comprehensive analysis of recent research on learning styles. *Theory and Research in Education*, 13(3), 308 – 333.

Dawson, D. & Reid, K. (1997). Fatigue, alcohol and performance impairment. *Nature*, 388(6639), 235 – 235.

Deslauriers, L., McCarty, L. S., Miller, K., Callaghan, K., & Kestin, G. (2019). Measuring actual learning versus feeling of learning in response to being actively engaged in the classroom. *Proceedings of the National Academy of Sciences*, 116(39), 19251 – 19257.

Diemand-Yauman, C., Oppenheimer, D. M., & Vaughan, E. B. (2011). Fortune favors the: Effects of disfluency on educational outcomes. *Cognition*, 118(1), 114 – 118.

Duckworth, A. (2016). *Grit: The Power of Passion and Perseverance.* Scribner: New York.

Dweck, C. (2017). *Mindset-Updated Edition: Changing the Way You*

Think to Fulfil Your Potential. Hachette: UK.

Ebbinghaus, H. (1913). *Memory* (H. A. Ruger & C. E. Bussenius, trans.). Teachers College: New York, 39.(Original work published 1885.)

Elhussein, G., Leopold, A., & Zahidi, S. (2020). Schools of the Future: Defining New Models of Education for the Fourth Industrial Revolution. Future Skills Centre, Canada. Retrieved from https://fsc-ccf.ca/references/schools-of-the-future- defining-new-models-of-education-for-the-fourth-industrial-revolution/.

Ericsson, K. A., & Harwell, K. W. (2019). Deliberate practice and proposed limits on the effects of practice on the acquisition of expert performance: Why the original definition matters and recommendations for future research. *Frontiers in Psychology*, 10(2396), doi:10.3389/fpsyg.2019.02396.

Ertmer, P. A., & Newby, T. J. (1996). The expert learner: Strategic, self-regulated, and reflective. *Instructional Science*, 24(1), 1 – 24.

Eschenbach, E. A., Virnoche, M., Cashman, E. M., Lord, S. M., & Camacho, M. M. (2014). *Proven practices that can reduce stereotype threat in engineering education: A literature review*. Paper presented at the 2014 IEEE Frontiers in Education Conference (FIE) Proceedings.

Foer, J. (2012). *Moonwalking with Einstein: The Art and Science of Remembering Everything*. Penguin: New York.

Gladwell, M. (2008). *Outliers: The Story of Success*. Little, Brown: New York.

Godden, D. R., & Baddeley, A. D. (1975). Context dependent memory in two natural environments: On land and underwater. *British Journal of Psychology*, 66(3), 325 – 331.

Good, C., Aronson, J., & Harder, J. A. (2008). Problems in the pipeline: Stereotype threat and women's achievement in high-level math courses. *Journal of Applied Developmental Psychology*, 29(1), 17 – 28.

Hall, K. G., Domingues, D. A., & Cavazos, R. (1994). Contextual interference effects with skilled baseball players. *Perceptual and Motor Skills*, 78(3), 835 – 841.

Harari, Y. N. (2014). *Sapiens: A Brief History of Humankind*. Random House: UK.

Haraszti, R. Á., Ella, K., Gyöngyösi, N., Roenneberg, T., & Káldi, K. (2014). Social jetlag negatively correlates with academic performance in undergraduates. *Chronobiology International*, 31(5), 603 – 612.

Hattie, J. A. C. (2009). *Visible Learning: A Synthesis of Over 800 Meta—Analyses Relating to Achievement*. Routledge: London.

Hessler, M., *et al.* (2018). Availability of cookies during an academic course session affects evaluation of teaching. *Medical Education,* 52(10), 1064 – 1072.

Hillman, C. H., Erickson, K. I., & Kramer, A. F. (2008). Be smart, exercise your heart: Exercise effects on brain and cognition. *Nature Reviews Neuroscience*, 9(1), 58 – 65.

Huang, S.-C., & Aaker, J. (2019). It's the journey, not the destination: How metaphor drives growth after goal attainment. *Journal of Personality and Social Psychology*, 117(4), 697 – 720.

Hulleman, C. S., & Harackiewicz, J. M. (2009). Promoting interest and performance in high school science classes. *Science*, 326(5958), 1410 – 1412.

Karpicke, J. D., & Bauernschmidt, A. (2011). Spaced retrieval: absolute spacing enhances learning regardless of relative spacing. *Journal of Experimental Psychology: Learning, Memory, and Cognition*, 37(5), 1250.

Killingsworth, M. A., & Gilbert, D. T. (2010). A wandering mind is an unhappy mind. *Science*, 330(6006), 932–932.

Kornell, N., & Bjork, R. A. (2008). Learning concepts and categories: Is spacing the "enemy of induction"? *Psychological Science*, 19(6), 585–592.

Kraschnewski, J., Boan, J., Esposito, J., Sherwood, N. E., Lehman, E. B., Kephart, D. K., & Sciamanna, C. (2010). Long-term weight loss maintenance in the United States. *International Journal of Obesity*, 34(11), 1644–1654.

Krathwohl, D. R., & Anderson, L. W. (2009). *A Taxonomy for Learning, Teaching, and Assessing: ARevision of Bloom's Taxonomy of Educational Objectives.* Longman: New York.

Lawlor, K. B. (2012). *Smart goals: How the application of smart goals can contribute to achievement of student learning outcomes.* Paper presented at the Developments in Business Simulation and Experiential Learning: Proceedings of the Annual ABSEL Conference.

Lehmann, J. A., & Seufert, T. (2017). The influence of background music on learning in the light of different theoretical perspectives and the role of working memory capacity. *Frontiers in Psychology*, 8, 1902.

Li, P., Legault, J., & Litcofsky, K. A. (2014). Neuroplasticity as a function of second language learning: anatomical changes in the human brain. *Cortex*, 58, 301–324.

Maddox, G. B. (2016). Understanding the underlying mechanism of the spacing effect in verbal learning: A case for encoding variability and study-phase retrieval. *Journal of Cognitive Psychology*, 28(6), 684–706.

Murre, J. M., & Dros, J. (2015). Replication and analysis of Ebbinghaus' forgetting curve. *PLoS one*, 10(7), https://doi.org/10.1371/journal.pone.0120644.

Oettingen, G., Mayer, D., & Brinkmann, B. (2010). Mental contrasting of future and reality. *Journal of Personnel Psychology*, 9(3), 138–144.

Pink, D. H. (2011). *Drive: The Surprising Truth About What Motivates Us*. Penguin: London.

Quigley, A., Muijs, D., & Stringer, E. (2018). Metacognition and self-regulated learning: Guidance report. Education Endowment Foundation: UK.

Ramsburg, J. T., & Youmans, R. J. (2014). Meditation in the higher-education classroom: Meditation training improves student knowledge retention during lectures. *Mindfulness*, 5(4), 431–441.

Rohrer, D. (2012). Interleaving helps students distinguish among similar concepts. *Educational Psychology Review*, 24(3), 355–367.

Rosen, L. D., Carrier, L. M., & Cheever, N. A. (2013). Facebook and texting made me do it: Media-induced task-switching while studying. *Computers in Human Behavior*, 29(3), 948–958.

Sanbonmatsu, D. M., Strayer, D. L., Medeiros-Ward, N., & Watson, J. M. (2013). Who multi-tasks and why? Multi-tasking ability, perceived multi-tasking ability, impulsivity, and sensation seeking. *PLoS one*, 8(1), e54402.

Schleicher, A. (2019). PISA 2018: Insights and Interpretations. *OECD Publishing*.

Seli, P., Beaty, R. E., Cheyne, J. A., Smilek, D., Oakman, J., & Schacter, D. L. (2018). How pervasive is mind wandering, really? *Consciousness and Cognition*, 66, 74–78.

Simon, D. A., & Bjork, R. A. (2001). Metacognition in motor learning. *Journal of Experimental Psychology: Learning, Memory, and Cognition*, 27(4), 907.

Sirois, F., & Pychyl, T. (2013). Procrastination and the priority of short term mood regulation: Consequences for future self. *Social and Personality*

Psychology Compass, 7(2), 115 – 127.

Spencer, S. J., Steele, C. M., & Quinn, D. M. (1999). Stereotype threat and women's math performance. *Journal of Experimental Social Psychology*, 35(1), 4 – 28.

Steele, C. M. (2011). *Whistling Vivaldi: How Stereotypes Affect Us and What We Can Do.* W. W. Norton & Company: New York.

Steele, C. M., & Aronson, J. (1995). Stereotype threat and the intellectual test performance of African Americans. *Journal of Personality and Social Psychology*, 69(5), 797.

Steinborn, M. B. & Huestegge, L. (2016). A walk down the lane gives wings to your brain. Restorative benefits of rest breaks on cognition and self control. *Applied Cognitive Psychology*, 30(5), 795 – 805.

Tanner, K. D. (2012). Promoting student metacognition. *CBE — Life Sciences Education*, 11(2), 113 – 120.

Tharp, T. (2008). *The Creative Habit,* Simon and Schuster: New York.

Tulving, E., & Thomson, D. M. (1973). Encoding specificity and retrieval processes in episodic memory. *Psychological Review*, 80(5), 352.

Willingham, D. T. (2009). *Why Don't Students Like School?: A Cognitive Scientist Answers Questions About How The Mind Works And What It Means For The Classroom.* John Wiley & Sons: New Jersey.

Xie, L., Kang, H., Xu, Q., Chen, M. J., Liao, Y., Thiyagarajan, M., & Iliff, J. J. (2013). Sleep drives metabolite clearance from the adult brain. *Science*, 342(6156), 373 – 377.

Yeager, D. S., & Walton, G. M. (2011). Social-psychological interventions in education: They're not magic. *Review of Educational Research*, 81(2), 267 – 301.

Zaharna, M., & Guilleminault, C. (2010). Sleep, noise and health.

Noise and Health, 12(47), 64.

Zimmerman, B. J. (2002). Becoming a self-regulated learner: An overview. *Theory into Practice*, 41(2), 64–70.

附加信息与学习资源

在我完成新加坡国立大学"如何高效学习"这一门课程后（甚至在 NUS 毕业后），我的一些学生仍然会向我提出关于学习的新问题。他们经常对我在课堂上没有时间深入讲解的知识点或者他们自己后来发现的某些方面感到好奇。此外，我发现除了新加坡国立大学的学生，其他学校的学生也对更多关于学习的内容感兴趣。因此，我创建了一个公共网站，旨在成为学习爱好者的"交流中心"。在这里，人们可以交流新的学习理念，提出问题，并阅读关于学习的最新资讯。该网站有一个博客，由学生和教师撰写，涵盖各种更好的学习方法，所有内容都引用了最重要的学术论文，以供有兴趣进一步阅读的人参考。该网站还设有一个论坛，访问者可以在其中向论坛社区发表评论或提出问题。

本书的读者将会发现这个网站不仅是我们在线活动的所在地，也是你们下载学习工具和计划示例的地方。同时，网站上还提供了一些其他有趣网站的链接，这些网站提供的信息或工具可能对学习者有所帮助。我们还上传了一些在 NUS 课堂上使用过的短视频，这些视频是对我们课堂教学或本书所涵盖内容的补充。我们鼓励读者使用这个网站探索更多关于学习的内容!

  我还在 Instagram 上分享了一些额外的学习思路和技巧。这些技巧将进一步巩固你通过阅读本书所建立的学习基础。如果你或身边的朋友对学习感兴趣,想了解更多,不妨前来探索一番,并将此网站分享给更多人吧!

致　谢

首先，我要感谢我的同事和贡献作者马德琳·吴（Magdeline Ng），以及其他教师成员约书亚·古利（Joshua Gooley）、马拉·麦克亚当斯（Mara McAdams）和詹妮弗·戴维斯（Jennifer Davis），他们为我在新加坡国立大学（National University of Singapore，NUS）的课程提供了诸多帮助。在过去的几年里，我还有幸与许多优秀的学生助教共事。他们的辛勤付出和坦诚反馈使我们的课程和这本书更加完善。

从这本书中你会学到"教学相长"的道理。如果没有在新加坡和美国任职教授的经历，我不可能完成本书的撰写。每当我看到学生脸上露出困惑的表情时，我都会精益求精，因为我知道需要找出更好的解释。因此，学生们对我在本书中呈现信息的方式产生了相当大的影响。

特别感谢陈永财（Tan Eng Chye）校长和兰加·克里希南博士（Ranga Krishnan），正是他们最早建议我将我所了解的关于学习的科学知识整合到新加坡国立大学的一门课程中，才帮助学生为学习做好充分准备。也正是我在杜克–新加坡国立大学医学院担任创始副院长的经历，让我得以实施我的教育理念，同时也为我提供了研究学生学习的宝贵机会。我还要感谢桑迪·威廉姆斯（Sandy Williams，杜克–新加坡国立大学医学院的首任院长）信任我，聘任我，并允许我使用科学而非传统的方式来创办我们的新学院。

我还想提及几位对我影响深远的学术导师：威廉·施瓦茨（William Schwartz，他在我整个职业生涯中一直给予我反馈和鼓励）、拉里·夏皮罗（Larry Shapiro，他在我职业生涯之初便建议我多了解学习的科学），以及阿贝·鲁道夫（Abe Rudolph）（他告诉我不要害怕对学生提出最高的要求）。我很幸运能够拥有这些如此出色的导师，我建议所有学习者都应找到导师并培养类似的师徒关系。

有几位热心人士主动提出阅读本书的初稿，并给出了富有建设性的评论和提供了新的视角。在此，我要特别感谢托马斯·龟井（Thomas Kamei）、杰里米·林（Jeremy Lim）、泽维尔·陈（Xavier Chan）、多伊尔·格拉汉姆（Doyle Graham）、比尔·施瓦茨（Bill Schwartz）、凯特·芒（Kat Maung）、罗基（Rocky）和沃克·楚佩（Walker Chuppe）。

我要感谢的人还有很多，但如果一一道来，这部分可能会比书的其他部分还要长。不过，我将最珍贵的感谢留到了最后。我要特别感激我的父母弘史（Hiroshi）和塔米（Tami），以及其他在我一生中通过各种方式支持我的亲人，米歇尔（Michelle）、托马斯（Thomas）、肯兹（Kenzi）。我从他们身上学到的经验和教训，是我帮助他人成为策略性学习者的真正的灵感来源。